아침5분수학(계산편)의 **소개**

스스로 알아서 하는 아침5분수학으로 기운찬 하루를 보내자!!!
매일 아침, 아침 밥을 먹으면 하루를 건강하게 보낼 수 있습니다.
마찬가지로, 매일 아침 5분의 계산 연습은 기운찬 하루를 보내게해 줄 것입니다.
매일 아침의 훈련으로 공부에 눈을 뜨는 버릇이 몸에 배게 되어,
스스로 공부하는 습관이 생기게 됩니다.
읽는 습관과 쓰는 습관으로 하루를 계획하고,
준비해서 매일 아침을 상쾌하게 시작하세요.

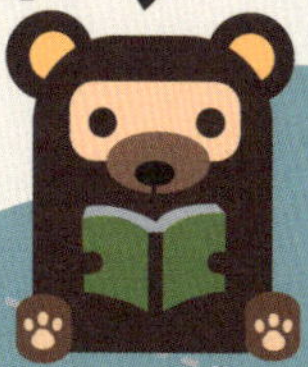

아침5분수학(계산편)의 **활용**

1. 아침 학교 가기전 집에서 하루를 준비하세요.
2. 등교후 1교시 수업전 학교에서 풀고, 수업 준비를 완료하세요.
3. 수학시간 전 휴식시간에 수학 수업 준비 마무리용으로 활용 하세요.
4. 학년별 학기용으로 이해하기 쉬운 내용으로 구성되어 학기 시작전 예습용이나
   단기 복습용으로 활용하세요.
5. 계산력 연습용과 하루 일과 준비를 할 수 있는 이 교재로 몇달 후
   달라진 모습을 기대 하세요.

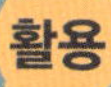

나는　　　　　　　(하)고　　　　　　　한

(이)가 될거예요!

공부의 목표

예체능의 목표

생활의 목표

건강의 목표

나의 목표를 꼼꼼히 세우고, 목표를 달성하기위해 노력해요^^

SMILE

으쌰 으쌰!

목표를 향한 나의 실천계획

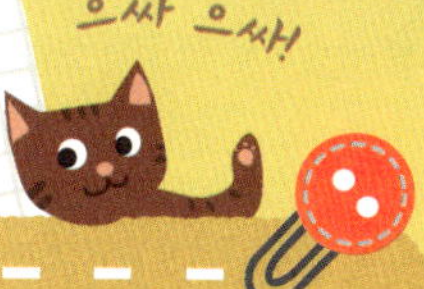

공부의 목표를 달성하기 위해

1.

2.

3.

할거예요.

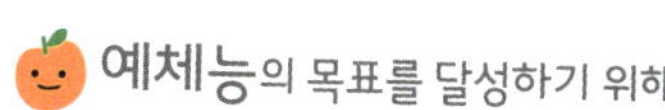

예체능의 목표를 달성하기 위해

1.

2.

3.

할거예요.

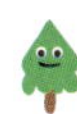

생활의 목표를 달성하기 위해

1.

2.

3.

할거예요.

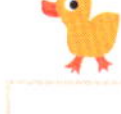

건강의 목표를 달성하기 위해

1.

2.

3.

할거예요.

나의 목표를 꼼꼼히 세우고, 목표를 달성하기위해 노력해요^^

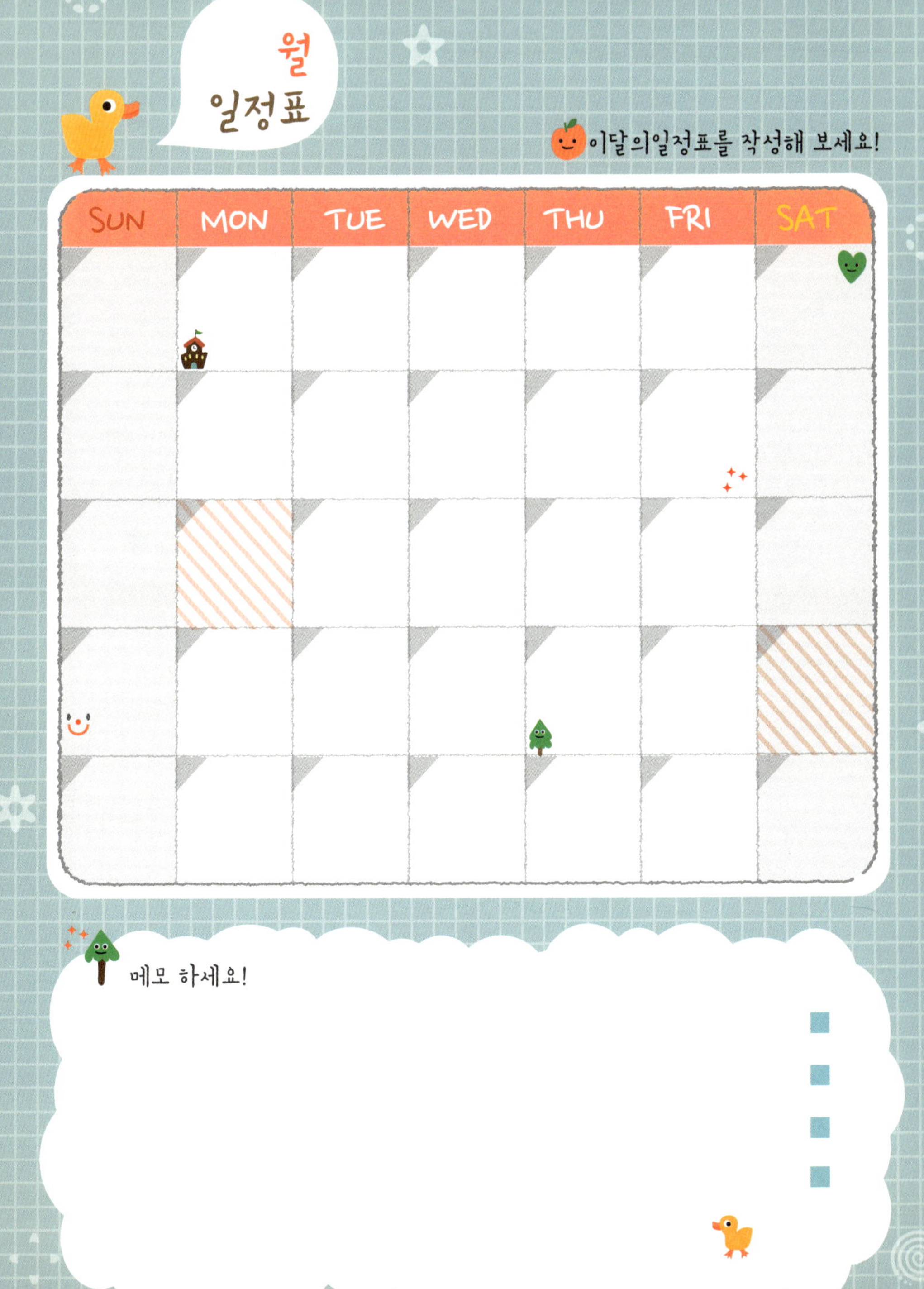
월
일정표
이달의일정표를 작성해 보세요!
SUN MON TUE WED THU FRI SAT
메모 하세요!

일주일 일기장

일요일 저녁에 적으세요.

[   ] 월 [   ] 일

| 재미있었던 과목 | 친하게 지낸 친구 | 하고 싶은 일 | 잘 못한 일 |

기억에 남는 일

다음주 각오

[   ] 월 [   ] 일

| 재미있었던 과목 | 친하게 지낸 친구 | 하고 싶은 일 | 잘 못한 일 |

기억에 남는 일

다음주 각오

[   ] 월 [   ] 일

| 재미있었던 과목 | 친하게 지낸 친구 | 하고 싶은 일 | 잘 못한 일 |

기억에 남는 일

다음주 각오

[   ] 월 [   ] 일

| 재미있었던 과목 | 친하게 지낸 친구 | 하고 싶은 일 | 잘 못한 일 |

기억에 남는 일

다음주 각오

월
일정표
이달의일정표를 작성해 보세요!
SUN
MON
TUE
WED
THU
FRI
SAT
메모 하세요!

일주일 일기장

일요일 저녁에 적으세요.

[ ] 월 [ ] 일

| 재미있었던 과목 | 친하게 지낸 친구 | 하고 싶은 일 | 잘 못한 일 |

기억에 남는 일

다음주 각오

[ ] 월 [ ] 일

| 재미있었던 과목 | 친하게 지낸 친구 | 하고 싶은 일 | 잘 못한 일 |

기억에 남는 일

다음주 각오

[ ] 월 [ ] 일

| 재미있었던 과목 | 친하게 지낸 친구 | 하고 싶은 일 | 잘 못한 일 |

기억에 남는 일

다음주 각오

[ ] 월 [ ] 일

| 재미있었던 과목 | 친하게 지낸 친구 | 하고 싶은 일 | 잘 못한 일 |

기억에 남는 일

다음주 각오

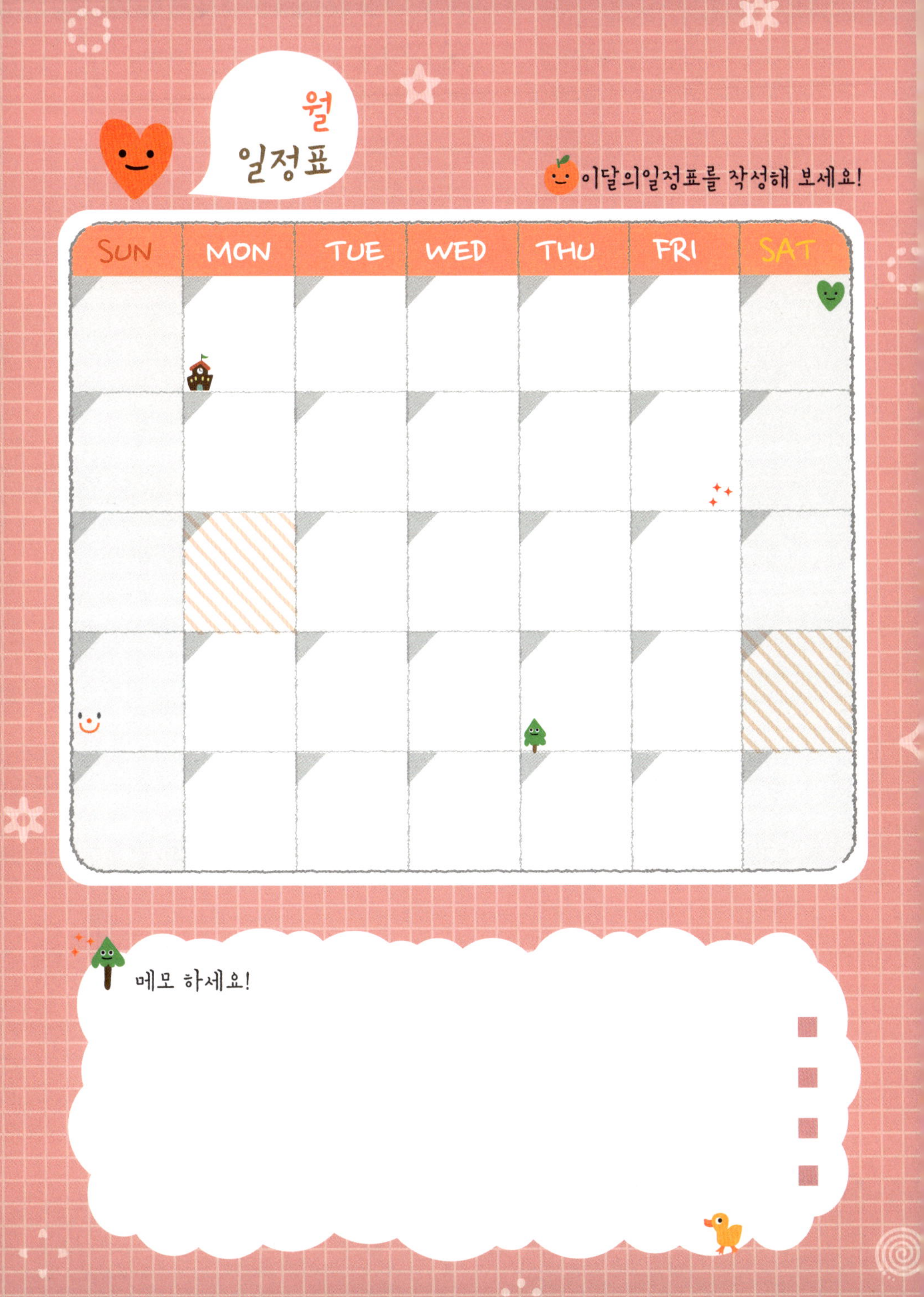
월
일정표
이달의일정표를 작성해 보세요!
SUN MON TUE WED THU FRI SAT
메모 하세요!

일주일 일기장

일요일 저녁에 적으세요.

[ ]월 [ ]일

| 재미있었던 과목 | 친하게 지낸 친구 | 하고 싶은 일 | 잘 못한 일 |

기억에 남는 일

다음주 각오

[ ]월 [ ]일

| 재미있었던 과목 | 친하게 지낸 친구 | 하고 싶은 일 | 잘 못한 일 |

기억에 남는 일

다음주 각오

[ ]월 [ ]일

| 재미있었던 과목 | 친하게 지낸 친구 | 하고 싶은 일 | 잘 못한 일 |

기억에 남는 일

다음주 각오

[ ]월 [ ]일

| 재미있었던 과목 | 친하게 지낸 친구 | 하고 싶은 일 | 잘 못한 일 |

기억에 남는 일

다음주 각오

아침5분수학 (계산편)의 차례 4학년 1학기

(부록) 집중 계산력 연습 8회분

1회분이 앞면, 뒷면으로 되어 있습니다.

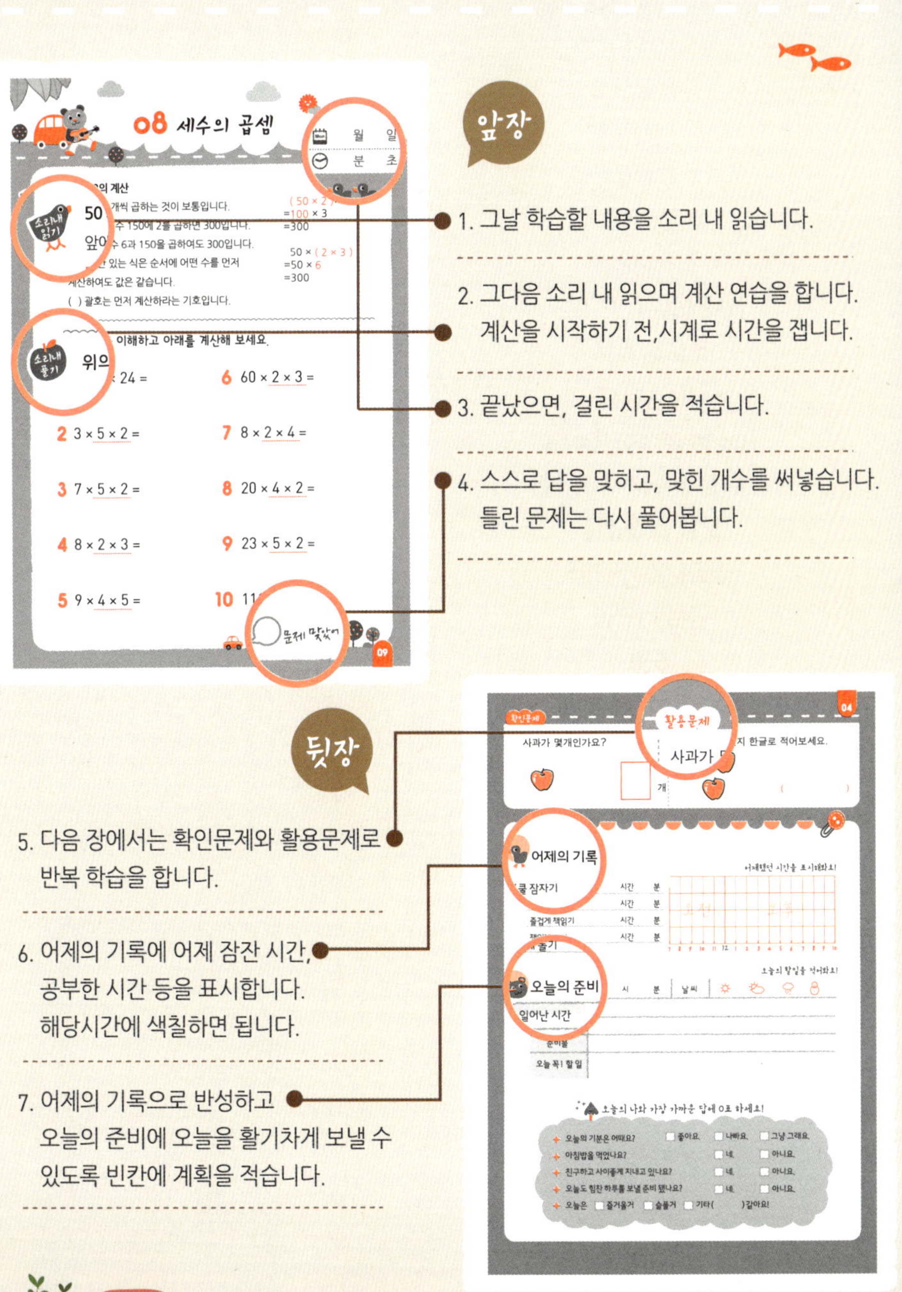

1. 그날 학습할 내용을 소리 내 읽습니다.

2. 그다음 소리 내 읽으며 계산 연습을 합니다.
   계산을 시작하기 전,시계로 시간을 잽니다.

3. 끝났으면, 걸린 시간을 적습니다.

4. 스스로 답을 맞히고, 맞힌 개수를 써넣습니다.
   틀린 문제는 다시 풀어봅니다.

5. 다음 장에서는 확인문제와 활용문제로
   반복 학습을 합니다.

6. 어제의 기록에 어제 잠잔 시간,
   공부한 시간 등을 표시합니다.
   해당시간에 색칠하면 됩니다.

7. 어제의 기록으로 반성하고
   오늘의 준비에 오늘을 활기차게 보낼 수
   있도록 빈칸에 계획을 적습니다.

01 천만까지의 수

소리내 읽기

오천팔백칠십육만 삼천이백사십일

10000이 10개면 100000 또는 10만이라 쓰고, 십만이라고 읽습니다.(0이 5개)
10000이 100개면 1000000 또는 100만이라 쓰고, 백만이라고 읽습니다.(0이 6개)
0이 하나 더 있으면 천만이라고 합니다. (0이 7개)

자릿값

천	백	십	만	천	백	십	일
5	8	7	6	3	2	4	1

소리내 풀기

위의 내용을 이해하고 알맞은 수나 글을 적으세요.

1 백이십구만이천오백을 숫자로 쓰면 ______________ 입니다.

2 2427156을 한글로 쓰면 ______________ 입니다.

3 10000이 200개 있으면 2000000 또는 ______________ 이라 쓰고,

　이백만 이라고 읽습니다.

4 만이 27개 있고 1이 1273개 있으면, ______________ 이라 쓰고,

　이십칠만 천이백칠십삼 이라고 읽습니다.

5 1231987에서 1의 자릿수는 천의 자리와 ______________ 의 자리입니다.

6 삼천이백십만 삼천팔백이십사를 숫자로 쓰세요.

7 12457412을 읽어 보세요.

8 12458752에서 4는 .... 자리의 수이고, ...

을 나타냅니다.

9 9999999보다 1큰 수는 .... 이라 쓰고,

.... 이라고 읽습니다.

 어제의 기록

어제했던 시간을 표시해봐요!

쿨쿨 잠자기	시	분
열심히 공부하기	시간	분
즐겁게 책읽기	시간	분
잼있게 놀기	시간	분

오늘의 준비

오늘의 할일을 적어봐요!

일어난 시간	시	분	날씨				
숙제							
공부							
준비물							
오늘 꼭! 할일							

02 큰 수의 커짐과 작아짐 (1)

만 이상의 수를 읽어 보세요

아래의 큰 눈금 한칸은 10000이고, 작은 눈금 한칸은 1000입니다.
↓ (화살표)는 26000을 나타냅니다.

위의 내용을 이해하고 알맞은 수를 ☐ 안에 적으세요.

1 ☐　　**2** ☐　　**3** ☐

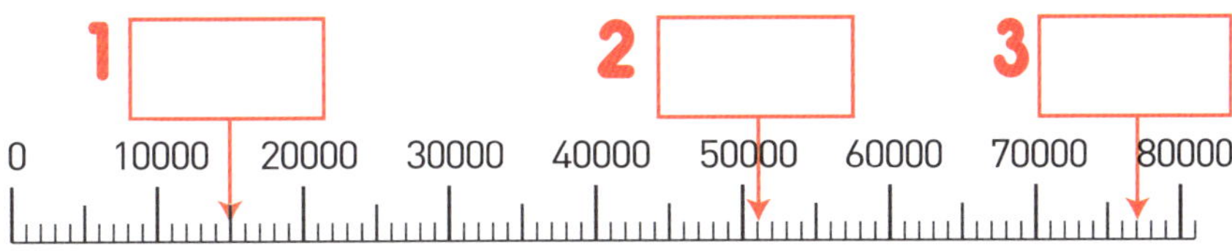

4　30000 — 40000 — 50000 — ☐ — ☐

5　31000 — 32000 — ☐ — ☐ — 35000

6　31200 — 31210 — ☐ — 31230 — ☐

7　31232 — ☐ — 31234 — 31235 — ☐

8 51000 — 50000 — 49000 — ☐ — ☐

9 29112 — 29012 — ☐ — ☐ — 28712

10 18736 — 18726 — ☐ — 18706 — ☐

11 46183 — ☐ — 46181 — 46180 — ☐

 **어제의 기록**

어제했던 시간을 표시해봐요!

쿨쿨 잠자기	시	분
열심히 공부하기	시간	분
즐겁게 책읽기	시간	분
잼있게 놀기	시간	분

 **오늘의 준비**

오늘의 할일을 적어봐요!

일어난 시간	시	분	날 씨	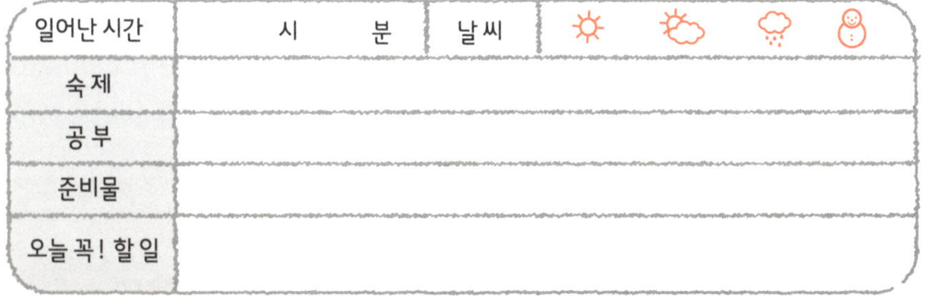
숙 제				
공 부				
준비물				
오늘꼭! 할일				

O3 큰 수의 계산

큰수의 덧셈

자리를 정확히 맞춰 적고 일의자리부터
각자의 자리수끼리 더해 줍니다.
10이 넘으면 자리올림 해줍니다.

```
    1
    5 4 만
 +  4 6 만
 ─────────
  1 0 0 만
```

큰수의 뺄셈

자리를 정확히 맞춰 적고 일의자리부터
각자의 자리수끼리 빼줍니다.
뺄수없으면 자리내림 해서 뺍니다.

```
   4 10
    5 4 만
 -  4 6 만
 ─────────
      8 만
```

아래 큰수의 덧셈과 뺄셈을 계산해 보세요.

1 5만 + 2만 =

2 50만 + 20만 =

3 500만 + 200만 =

4 52만 + 13만 =

5 46만 + 27만 =

6 94만 + 47만 =

7 5만 − 2만 =

8 50만 − 20만 =

9 500만 − 200만 =

10 52만 − 13만 =

11 46만 − 27만 =

12 94만 − 47만 =

13 15만＋18만＝ **16** 15만－12만＝

14 48만＋27만＝ **17** 62만－18만＝

15 25만＋16만＝ **18** 100만－27만＝

어제의 기록

어제했던 시간을 표시해봐요!

쿨쿨 잠자기	시	분
열심히 공부하기	시간	분
즐겁게 책읽기	시간	분
잼있게 놀기	시간	분

오늘의 준비

오늘의 할일을 적어봐요!

일어난 시간	시	분	날씨				
숙 제							
공 부							
준비물							
오늘 꼭! 할일							

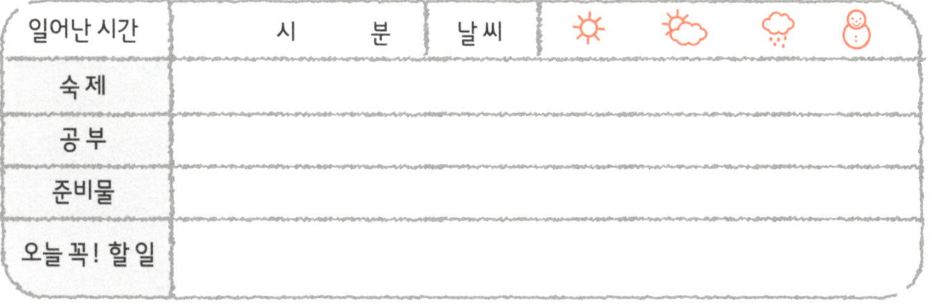

오늘의 나와 가장 가까운 답에 O표 하세요!

◆ 오늘의 기분은 어때요? ☐ 좋아요. ☐ 나빠요. ☐ 그냥 그래요.

◆ 아침밥을 먹었나요? ☐ 네. ☐ 아니요.

◆ 친구하고 사이좋게 지내고 있나요? ☐ 네. ☐ 아니요.

◆ 오늘도 힘찬 하루를 보낼 준비 됐나요? ☐ 네. ☐ 아니요.

◆ 오늘은 ☐ 즐거울거 ☐ 슬플거 ☐ 기타(   ) 같아요!

04 천조까지의 수

사천이백오십일조 이천사백억 이십만 삼백일

1000만의 10배면 1억(0이 8개), 1000억의 10배면 1조(0이 12개)라고 읽습니다.

천	백	십	조	천	백	십	억	천	백	십	만	천	백	십	일
4	2	5	1	2	4	0	0	0	0	2	0	0	3	0	1

위의 내용을 이해하고 알맞은 수나 글을 적으세요.

1 삼천육억을 숫자로 쓰면 ____________ 입니다.

2 120000000000을 읽으면 ____________ 입니다.

3 1억이 200개 있으면 ____________ 이라 쓰고,

____________ 이라고 읽습니다.

4 조가 27개 있고 억이 1273개 있으면, ____________

이라 쓰고, ____________ 라고 읽습니다.

5 12345678901234에서 십조의 자리 숫자는 ____________ 입니다.

6 사천이백일조 이십구억 삼천이백만 팔천이십을 숫자로 쓰세요.

7 5251000000000000을 읽어 보세요.

8 1345325129587512에서 4은   자리의 수이고,   을 나타냅니다.

9 999999999999보다 1큰 수는   (이)라고 읽고,   라고 적습니다.

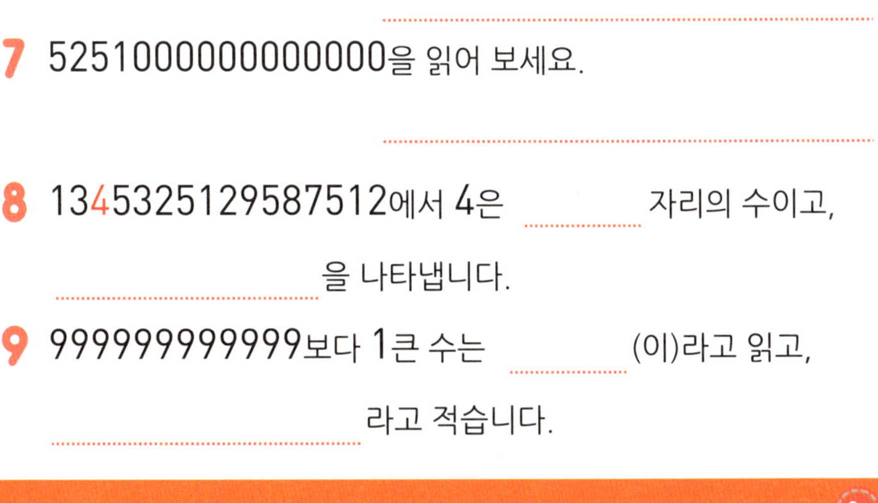

어제의 기록

어제했던 시간을 표시해봐요!

쿨쿨 잠자기	시	분
열심히 공부하기	시간	분
즐겁게 책읽기	시간	분
잼있게 놀기	시간	분

오늘의 준비

오늘의 할일을 적어봐요!

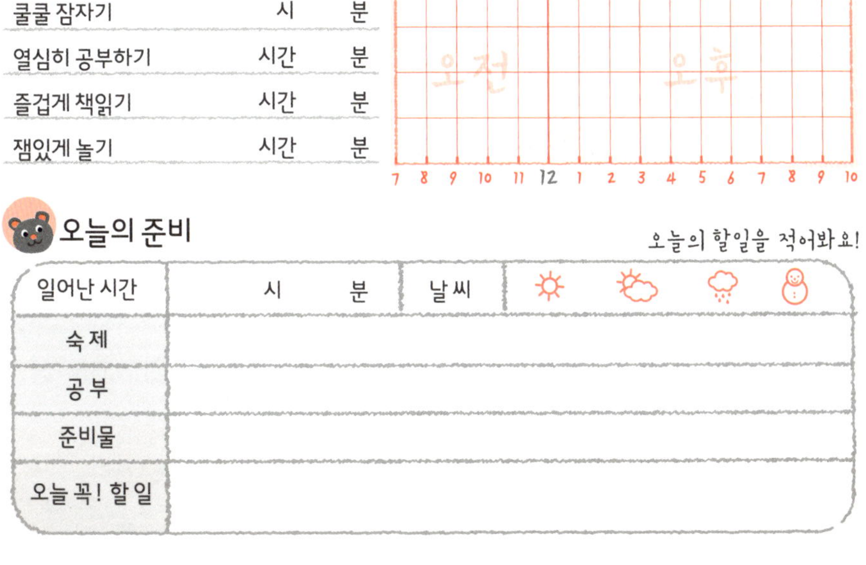

일어난 시간	시	분	날씨				
숙제							
공부							
준비물							
오늘 꼭! 할일							

05 큰 수의 커짐과 작아짐(2)

만이상의 수를 읽어 보세요

아래의 눈금 한칸은 1억입니다.

↓ (화살표)는 26억을 나타냅니다. 한칸을 더 가면 27억입니다.

26억

0   10억   20억   30억

위의 내용을 이해하고 알맞은 수를 ☐ 안에 적으세요.

1 ☐   **2** ☐   **3** ☐

0   10억   20억   30억   40억   50억   60억   70억   80억

4   30억 — 40억 — 50억 — ☐ — ☐

5   35조 — 36조 — ☐ — ☐ — 39조

6   1130조 — 1230조 — ☐ — 1430조 — ☐

7   2340조 — ☐ — 2342조 — 2343조 — ☐

11 문제 중 ◯ 문제 맞았어!

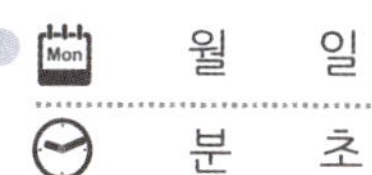

8 510억 − 500억 − 490억 − ☐ − ☐

9 291억 − 290억 − ☐ − ☐ − 287억

10 8736조 − 8726조 − ☐ − 8706조 − ☐

11 6183조 − ☐ − 6181조 − 6180조 − ☐

 어제의 기록

어제했던 시간을 표시해봐요!

쿨쿨 잠자기	시	분
열심히 공부하기	시간	분
즐겁게 책읽기	시간	분
잼있게 놀기	시간	분

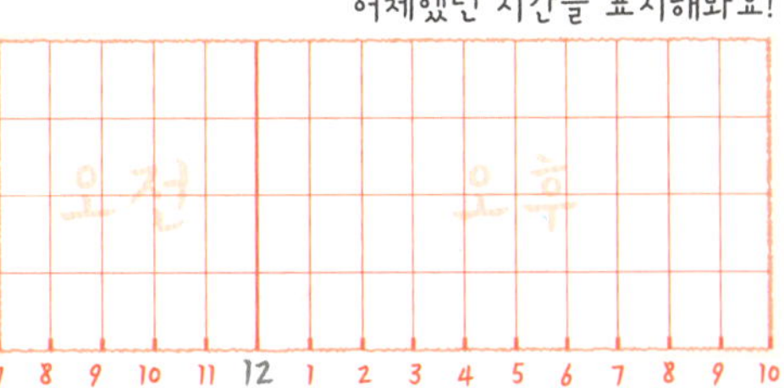

 오늘의 준비

오늘의 할일을 적어봐요!

일어난 시간	시	분	날씨	
숙제				
공부				
준비물				
오늘 꼭! 할일				

06 10배 큰수/10배 작은수

어떤수에 10배를 하면 0이 하나 더 붙고 자릿수가 올라갑니다.

210억의 10배 큰수는 2100억입니다.
210억의 10배 작은수는 21억입니다.
21억의 100배 큰수는 2100억입니다.

천억	백억	십억	억	천만	백만	십만	만	천	백	십	일
2	1	0	0	0	0	0	0	0	0	0	0
	2	1	0	0	0	0	0	0	0	0	0
		2	1	0	0	0	0	0	0	0	0

10배 큰수 ×10안수
10배 작은수 ÷10안수

2100 × 30의 계산은 21×3을 계산하고 두수의 0을 모두 뒤에 적으면 됩니다.

```
   2 1 00      (0이 2개)
 ×    3 0        +
 ─────────     (0이 1개)
 6 3 000       =
               (0이 3개)
```

위의 내용을 이해하고 알맞은 수를 적으세요.

1 40억의

10배 큰 수 _______ 억

10배 작은수 _______ 억

2 320억의

10배 큰 수 _______ 억

100배 큰 수 _______ 억

3 860억의

10배 큰 수 _______ 억

10배 작은수 _______ 억

4 24×4=96입니다.

240×40= _______

2400×40= _______

____

5 32×6=192입니다.

3200×60= _______

3200×600= _______

____

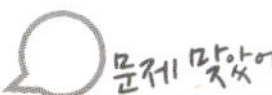

6 $86 \times 2 = 172$입니다.

$86 \times 200 =$ ....

$860 \times 2000 =$ ....

8 $38 \times 12 = 456$입니다.

$380 \times 12 =$ ....

$3800 \times 120 =$ ....

7 $48 \times 6 = 288$입니다.

$48 \times 60 =$ ....

$4800 \times 6000 =$ ....

9 $72 \times 13 = 936$입니다.

$7200 \times 130 =$ ....

$72000 \times 13000 =$ ....

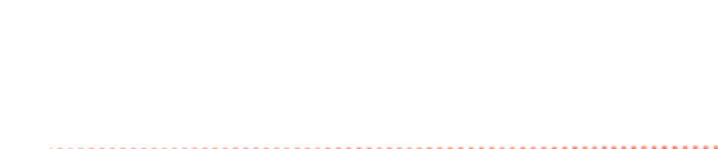

어제의 기록

어제했던 시간을 표시해봐요!

쿨쿨 잠자기	시	분
열심히 공부하기	시간	분
즐겁게 책읽기	시간	분
재있게 놀기	시간	분

오전						오후								
7	8	9	10	11	12	1	2	3	4	5	6	7	8	9	10

오늘의 준비

오늘의 할일을 적어봐요!

일어난 시간	시 분	날씨	☼ ⛅ 🌧 ☃
숙 제			
공 부			
준비물			
오늘 꼭! 할 일			

07 가장 큰 수 / 가장 작은 수

0,1,2,3,4로 만드는 가장 큰수

1번만 사용해서 가장 큰 수는
가장 큰 수를 제일 앞에 적고,
다음 높은 순서대로 적으면 됩니다.

4 3 2 1 0

0,1,2 중 가장 큰 수
0,1,2,3 중 가장 큰 수
0,1,2,3,4 중 가장 큰 수

0,1,2,3,4로 만드는 가장 작은 수

1번만 사용해서 가장 작은 수는
0을 제외한 가장 작은 수를 제일 앞에
적고, 다음 작은 순서대로 적습니다.

1 0 2 3 4

2,3,4 중 가장 작은 수
0,1,2,3 중 가장 작은 수
0을 뺀 수 1,2,3,4 중 가장 작은 수

아래의 수를 한번씩 모두 사용하여 만들 수 있는 수를 적으세요.

1 수 1,2,3,4

가장 큰 수 ....

가장 작은 수 ....

4 수 0,1,2,3,4

가장 큰 수 ....

가장 작은 수 ....

2 수 2,4,6,8

가장 큰 수 ....

가장 작은 수 ....

5 수 5,6,7,8,9

가장 큰 수 ....

가장 작은 수 ....

3 수 0,1,2,5

가장 큰 수 ....

가장 작은 수 ....

6 수 0,1,2,5,6,7

가장 큰 수 ....

가장 작은 수 ....

10 문제 중 ◯ 문제 맞았기!

7 수 3,4,5,6

가장 큰 수 ....

가장 작은 수 ....

9 수 2,4,6,8

가장 큰 수 ....

가장 작은 수 ....

8 수 6,7,8,9

가장 큰 수 ....

가장 작은 수 ....

10 수 0,4,5,6,7

가장 큰 수 ....

가장 작은 수 ....

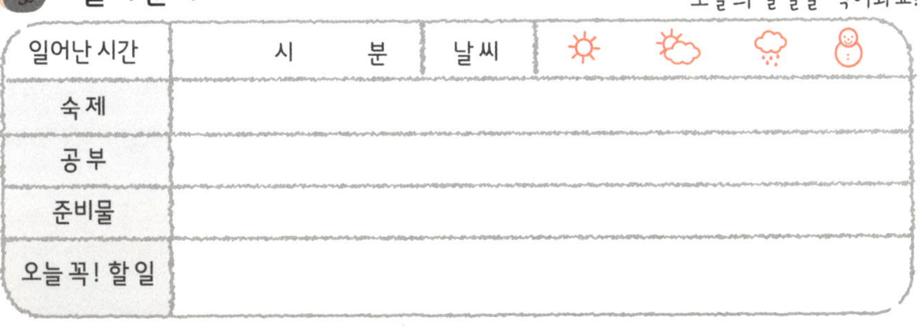 어제의 기록

어제했던 시간을 표시해봐요!

쿨쿨 잠자기	시	분
열심히 공부하기	시간	분
즐겁게 책읽기	시간	분
잼있게 놀기	시간	분

오전 / 오후

7 8 9 10 11 12 1 2 3 4 5 6 7 8 9 10

오늘의 준비

오늘의 할일을 적어봐요!

일어난 시간	시	분	날씨	☀ ☁ 🌧 ⛄
숙 제				
공 부				
준비물				
오늘 꼭! 할일				

08 세수의 곱셈

소리내 읽기

50 × 3 × 2의 계산

앞에서 부터 2개씩 곱하는 것이 보통입니다.

50과 3을 곱한 수 150에 2를 곱하면 300입니다.

3과 2를 곱한 수 6과 50을 곱하여도 300입니다.

➡ 곱하기만 있는 식은 순서에 어떤 수를 먼저
　 계산하여도 값은 같습니다.

　 ( ) 괄호는 먼저 계산하라는 기호입니다.

$$(50 × 2) × 3$$
$$=100 × 3$$
$$=300$$

$$50 × (2 × 3)$$
$$=50 × 6$$
$$=300$$

소리내 풀기

곱셈은 순서에 상관없이 계산합니다. 아래를 쉬운방법으로 계산하세요.

1 $4 × 2 × 24 =$

2 $30 × 5 × 2 =$

3 $20 × 5 × 9 =$

4 $8 × 20 × 3 =$

5 $4 × 50 × 8 =$

6 $60 × 2 × 3 =$

7 $8 × 2 × 40 =$

8 $20 × 4 × 2 =$

9 $23 × 5 × 2 =$

10 $111 × 2 × 2 =$

11 $6 \times 20 \times 50 =$

14 $15 \times 40 \times 2 =$

12 $5 \times 13 \times 20 =$

15 $2 \times 15 \times 25 =$

13 $8 \times 25 \times 12 =$

16 $3 \times 55 \times 30 =$

 어제의 기록

어제했던 시간을 표시해봐요!

쿨쿨 잠자기	시	분
열심히 공부하기	시간	분
즐겁게 책읽기	시간	분
잼있게 놀기	시간	분

 오늘의 준비

오늘의 할일을 적어봐요!

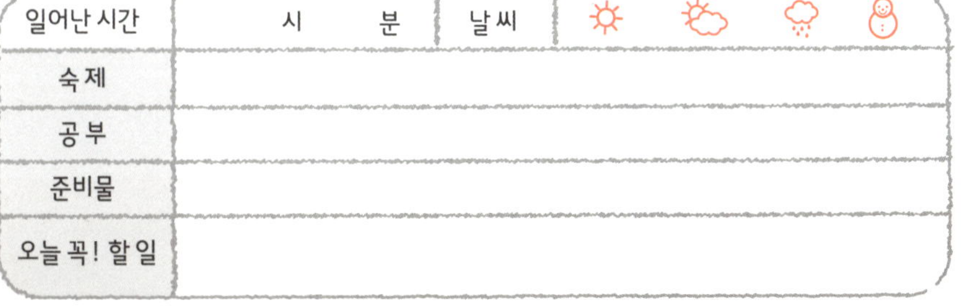

일어난 시간	시	분	날씨				
숙제							
공부							
준비물							
오늘 꼭! 할일							

09 3자리수 × 1자리수

137 × 4의 계산

1의 자리수인 7에 4를 곱해서 나온 28 중
1의 자리인 8을 밑의 일의 자리에 적습니다.
2는 십의자리 아래에 작은 숫자로 씁니다.
10의 자리 3과 4의 곱한 값 12에 작은 숫자로 쓴
2을 더해서 14가 되어 4를 십의 자리에 적고
1을 백의 자리 아래에 작은 숫자로 씁니다.
100의 자리 1과 4의 곱한 값 4에 작은 숫자로 쓴
1을 더해서 5가 되어 137 × 4 = 548이 됩니다.

```
    1 3 7
×   1 2 4
---------
    5 4 8
```

아래 곱셈을 위와 같이 계산해 보세요.

1
```
  1 2 3
×     2
```

4
```
  7 2 3
×     5
```

7
```
  7 2 2
×     8
```

2
```
  4 1 2
×     3
```

5
```
  5 2 1
×     6
```

8
```
  2 7 6
×     9
```

3
```
  3 1 5
×     4
```

6
```
  2 1 4
×     7
```

9
```
  3 4 7
×     8
```

10	3 6 4
	× 3

12	5 6 4
	× 7

14	8 5 9
	× 8

11	3 6 2
	× 6

13	1 9 7
	× 4

15	7 4 1
	× 9

 **어제의 기록**

어제했던 시간을 표시해봐요!

쿨쿨 잠자기	시	분
열심히 공부하기	시간	분
즐겁게 책읽기	시간	분
잼있게 놀기	시간	분

7 8 9 10 11 12 1 2 3 4 5 6 7 8 9 10

오전   오후

오늘의 준비

오늘의 할일을 적어봐요!

일어난 시간	시	분	날씨				
숙제							
공부							
준비물							
오늘 꼭! 할일							

□ 안에 알맞은 수를 넣으세요.

1

		0	5
×			5
1	0		5

5

	4	2	
×			6
2		3	2

2

	2	3	5
	×		4
			0

6

		6	6
	×		2
	9		2

3

	3		3
	×		3
		6	9

7

		8	8
	×		4
1	1	5	

4

		9	
	×		3
1	1	8	5

8

			5
	×		4
2	5	4	0

12 문제 중 ◯ 문제 맞았어!

9

	5		3
×			6
	1	3	8

11

		9	4
×			8
3	9		

10

		9	
×			7
1	3	6	5

12

			5
×			7
5	0	0	5

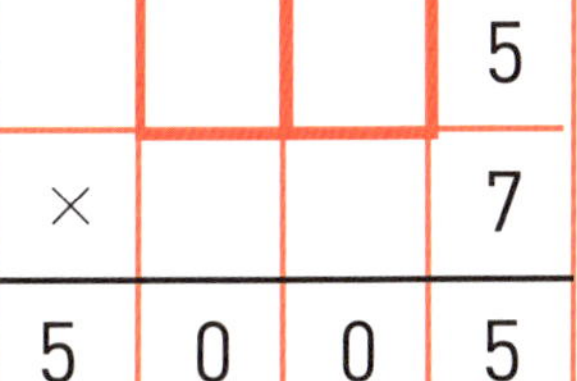 어제의 기록

어제했던 시간을 표시해봐요!

쿨쿨 잠자기	시	분
열심히 공부하기	시간	분
즐겁게 책읽기	시간	분
잼있게 놀기	시간	분

오전 오후

7 8 9 10 11 12 1 2 3 4 5 6 7 8 9 10

 오늘의 준비

오늘의 할일을 적어봐요!

일어난 시간	시	분	날씨				
숙제							
공부							
준비물							
오늘 꼭! 할일							

11 3자리수 × 2자리수

143 × 32의 계산

143×2=286을 자리에 맞추어 적습니다.

143×3=429를 자리에 맞추어 적습니다.

두 값을 자리에 맞추어 더 해줍니다.

그래서 143×32=4576이 됩니다.

```
      1 4 3
  ×     3 2
      2 8 6
    4 2 9
    4 5 7 6
```


위의 내용을 이해하고 아래를 계산해 보세요.

1
```
    2 2 3
  ×    3 2
```

3
```
    3 1 3
  ×    2 5
```

5
```
    2 2 1
  ×    4 1
```

2
```
    4 2 5
  ×    5 4
```

4
```
    5 1 3
  ×    6 7
```

6
```
    6 2 3
  ×    4 5
```

7 $\begin{array}{r} 364 \\ \times\ \ 32 \\ \hline \end{array}$

9 $\begin{array}{r} 465 \\ \times\ \ 17 \\ \hline \end{array}$

11 $\begin{array}{r} 958 \\ \times\ \ 29 \\ \hline \end{array}$

8 $\begin{array}{r} 263 \\ \times\ \ 32 \\ \hline \end{array}$

10 $\begin{array}{r} 239 \\ \times\ \ 25 \\ \hline \end{array}$

12 $\begin{array}{r} 213 \\ \times\ \ 48 \\ \hline \end{array}$

 어제의 기록

어제했던 시간을 표시해봐요!

쿨쿨 잠자기	시	분
열심히 공부하기	시간	분
즐겁게 책읽기	시간	분
잼있게 놀기	시간	분

오전 · 오후

7 8 9 10 11 12 1 2 3 4 5 6 7 8 9 10

오늘의 준비

오늘의 할일을 적어봐요!

일어난 시간	시	분	날씨	☀	⛅	🌧	⛄
숙제							
공부							
준비물							
오늘꼭! 할일							

아래 곱셈을 계산해 보세요.

1	4 3 6 × 1 2	4	3 2 4 × 6 9	7	2 4 1 × 5 2
2	3 0 5 × 6 3	5	2 2 3 × 6 3	8	5 0 6 × 5 6
3	2 1 5 × 4 7	6	6 4 1 × 5 8	9	5 1 3 × 7 6

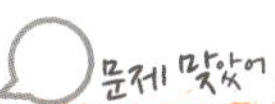
15 문제 중 ◯ 문제 맞았어!

10 $\begin{array}{r} 364 \\ \times\ \ 32 \\ \hline \end{array}$ **12** $\begin{array}{r} 465 \\ \times\ \ 17 \\ \hline \end{array}$ **14** $\begin{array}{r} 958 \\ \times\ \ 29 \\ \hline \end{array}$

11 $\begin{array}{r} 263 \\ \times\ \ 46 \\ \hline \end{array}$ **13** $\begin{array}{r} 239 \\ \times\ \ 25 \\ \hline \end{array}$ **15** $\begin{array}{r} 213 \\ \times\ \ 48 \\ \hline \end{array}$

 ## 어제의 기록

어제했던 시간을 표시해봐요!

쿨쿨 잠자기	시	분
열심히 공부하기	시간	분
즐겁게 책읽기	시간	분
잼있게 놀기	시간	분

 오전   오후

7 8 9 10 11 12 1 2 3 4 5 6 7 8 9 10

오늘의 준비

오늘의 할일을 적어봐요!

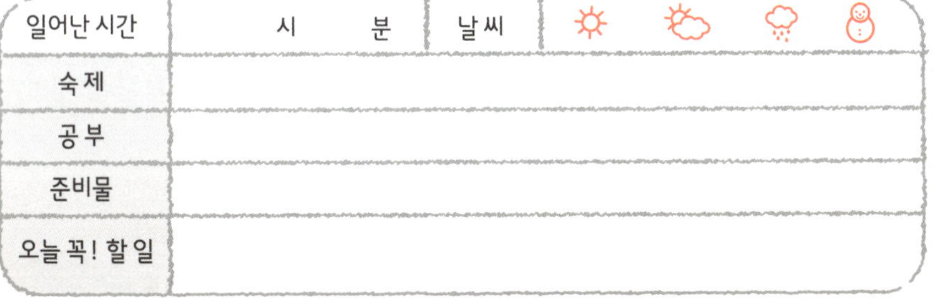

일어난 시간	시	분	날씨	
숙제				
공부				
준비물				
오늘 꼭! 할일				

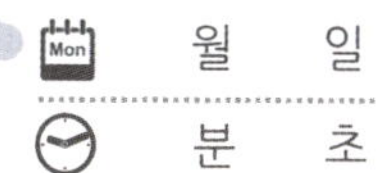

아래 곱셈을 계산해 보세요.

1
```
    3 6 3
  ×   2 7
```

4
```
    2 4 6
  ×   5 2
```

7
```
    4 1 2
  ×   6 7
```

2
```
    6 1 0
  ×   3 8
```

5
```
    4 1 2
  ×   6 9
```

8
```
    7 3 4
  ×   4 3
```

3
```
    1 5 3
  ×   6 3
```

6
```
    2 0 7
  ×   3 2
```

9
```
    8 7 1
  ×   4 7
```

10 256 × 32

12 325 × 17

14 278 × 29

11 406 × 62

13 543 × 25

15 714 × 48

 어제의 기록

어제했던 시간을 표시해봐요!

쿨쿨 잠자기	시	분
열심히 공부하기	시간	분
즐겁게 책읽기	시간	분
잼있게 놀기	시간	분

오전　　　오후

7 8 9 10 11 12 1 2 3 4 5 6 7 8 9 10

 오늘의 준비

오늘의 할일을 적어봐요!

일어난 시간	시	분	날씨				
숙제							
공부							
준비물							
오늘 꼭! 할일							

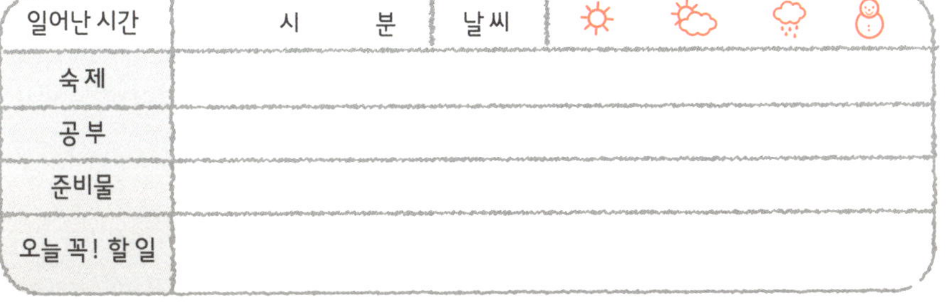

14 3자리수 × 2자리수 (연습3)

□ 안에 알맞은 수를 넣으세요.

1

		2	
×		3	3
	6		5
	7	5	
7		2	5

3

		8	
×		3	2
	5		4
	6	1	
9		8	4

2

		3	
×		2	8
1	8		6
	6	4	
6		9	6

4

		7	
×		5	4
	7		6
	9	5	
9		6	6

6 문제 중 ◯ 문제 맞았어!

5

		3	
×		1	6
2	6		6
	3		
6	9	7	6

6

		6	
×		1	5
2	8		5
	6		
8	4	7	5

어제의 기록

어제했던 시간을 표시해봐요!

쿨쿨 잠자기	시	분
열심히 공부하기	시간	분
즐겁게 책읽기	시간	분
잼있게 놀기	시간	분

오전 오후

7 8 9 10 11 12 1 2 3 4 5 6 7 8 9 10

오늘의 준비

오늘의 할일을 적어봐요!

일어난 시간	시	분	날씨	☀	⛅	🌧	⛄
숙제							
공부							
준비물							
오늘 꼭! 할일							

15 4자리수 × 2자리수

2143 × 32의 계산

2143×2=4286을 자리에 맞추어 적습니다.

2143×3=6429를 자리에 맞추어 적습니다.

두 값을 자리에 맞추어 더 해줍니다.

그래서 2143×32=68576이 됩니다.

```
      2 1 4 3
  ×       3 2
      4 2 8 6
    6 4 2 9
    6 8 5 7 6
```

위의 내용을 이해하고 아래를 계산해 보세요.

1
```
    2 2 3 3
  ×     3 2
```

3
```
    3 6 2 5
  ×     2 5
```

5
```
    5 6 3 2
  ×     3 2
```

2
```
    4 2 1 6
  ×     5 4
```

4
```
    5 2 6 3
  ×     7 4
```

6
```
    6 7 8 1
  ×     3 2
```

9 문제 중 ◯ 문제 맞았어!

7 2 3 7 5 × 3 2

8 5 7 6 2 × 2 5

9 3 8 4 6 × 3 2

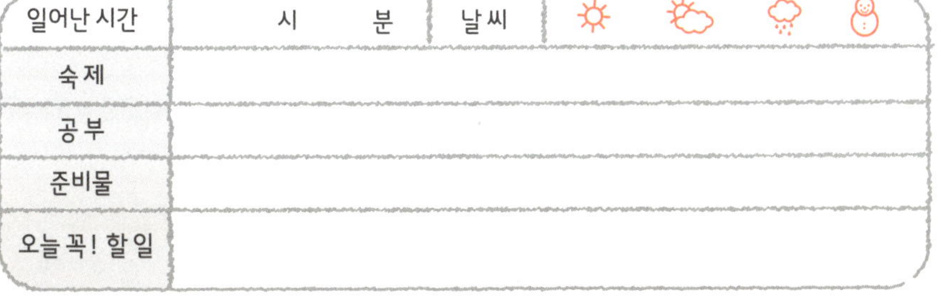

어제의 기록

쿨쿨 잠자기	시	분
열심히 공부하기	시간	분
즐겁게 책읽기	시간	분
잼있게 놀기	시간	분

어제했던 시간을 표시해봐요!

오전　오후

7 8 9 10 11 12 1 2 3 4 5 6 7 8 9 10

오늘의 준비

오늘의 할일을 적어봐요!

일어난 시간	시	분	날씨				
숙제							
공부							
준비물							
오늘 꼭! 할일							

16 4자리수×2자리수(연습1)

아래의 곱셈을 계산해 보세요.

1
```
   1 2 0 9
 ×    3 2
```

4
```
   2 7 6 3
 ×    6 9
```

7
```
   1 5 1 4
 ×    4 3
```

2
```
   3 6 5 1
 ×    5 6
```

5
```
   2 3 0 7
 ×    6 4
```

8
```
   2 4 1 6
 ×    7 9
```

3
```
   5 1 6 3
 ×    4 7
```

6
```
   4 1 6 9
 ×    5 8
```

9
```
   5 0 7 6
 ×    8 9
```

12 문제 중 ☐ 문제 맞았어!

10	2761	11	6843	12	6784
	× 27		× 78		× 56

어제의 기록

어제했던 시간을 표시해봐요!

쿨쿨 잠자기	시	분
열심히 공부하기	시간	분
즐겁게 책읽기	시간	분
잼있게 놀기	시간	분

오전　　　오후

7 8 9 10 11 12 1 2 3 4 5 6 7 8 9 10

오늘의 준비

오늘의 할일을 적어봐요!

일어난 시간	시	분	날씨				
숙제							
공부							
준비물							
오늘 꼭! 할일							

아래를 계산해 보세요.

1
```
   2 3 7
 ×   3 4
```

4
```
   3 2 4
 ×   5 3
```

7
```
   7 4 1
 ×   1 5
```

2
```
   3 7 4
 ×   2 8
```

5
```
   2 2 3
 ×   7 1
```

8
```
   6 4 6
 ×   8 9
```

3
```
   2 6 3
 ×   4 6
```

6
```
   6 4 7
 ×   4 5
```

9
```
   5 6 2
 ×   9 2
```

15 문제 중 ◯ 문제 맞았어!

10 315×16

12 361×17

14 472×29

11 305×46

13 613×25

15 587×48

 어제의 기록

어제했던 시간을 표시해봐요!

쿨쿨 잠자기	시	분
열심히 공부하기	시간	분
즐겁게 책읽기	시간	분
잼있게 놀기	시간	분

오늘의 준비

오늘의 할일을 적어봐요!

일어난 시간	시	분	날씨				
숙제							
공부							
준비물							
오늘 꼭! 할일							

아래 곱셈을 계산해 보세요.

1
```
   2 5 4
 ×   2 7
```

4
```
   2 0 6
 ×   7 2
```

7
```
   4 1 2
 ×   7 7
```

2
```
   1 4 2
 ×   3 6
```

5
```
   4 6 2
 ×   6 9
```

8
```
   7 1 4
 ×   9 3
```

3
```
   5 3 7
 ×   4 3
```

6
```
   2 1 7
 ×   9 2
```

9
```
   8 7 3
 ×   8 7
```

15 문제 중 ◯ 문제 맞았어!

10　3 1 5
　　× 　2 7

12　6 4 2
　　× 　3 6

14　4 7 2
　　× 　2 9

11　6 7 5
　　× 　6 1

13　5 4 2
　　× 　4 8

15　6 1 7
　　× 　3 5

 어제의 기록

어제했던 시간을 표시해봐요!

쿨쿨 잠자기	시	분
열심히 공부하기	시간	분
즐겁게 책읽기	시간	분
잼있게 놀기	시간	분

오전　오후

7 8 9 10 11 12 1 2 3 4 5 6 7 8 9 10

 오늘의 준비

오늘의 할일을 적어봐요!

일어난 시간	시	분	날씨	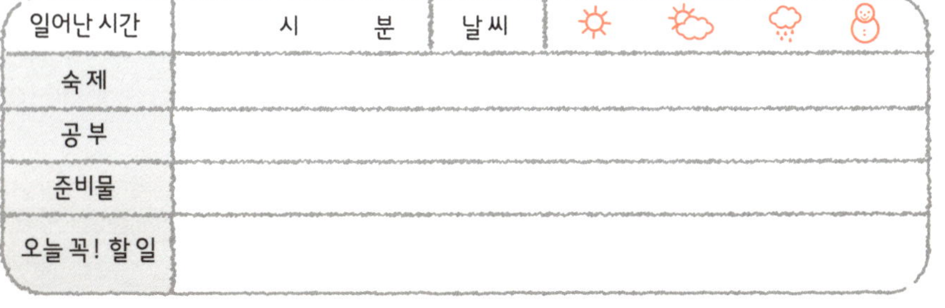
숙 제				
공 부				
준비물				
오늘 꼭! 할일				

19 4자리수 × 2자리수 (연습2)

아래를 계산해 보세요.

1
```
   2 1 3 9
 ×    2 7
```

2
```
   3 6 5 1
 ×    3 2
```

3
```
   5 1 6 3
 ×    4 3
```

4
```
   2 0 6 3
 ×    5 4
```

5
```
   2 3 6 7
 ×    7 8
```

6
```
   4 7 0 9
 ×    9 6
```

7
```
   1 5 7 4
 ×    4 1
```

8
```
   2 4 9 6
 ×    1 7
```

9
```
   5 3 7 6
 ×    4 6
```

12 문제 중 ◯ 문제 맞았어!

10 6 7 5 1
× 3 2

11 7 4 6 5
× 4 5

12 8 4 7 6
× 6 8

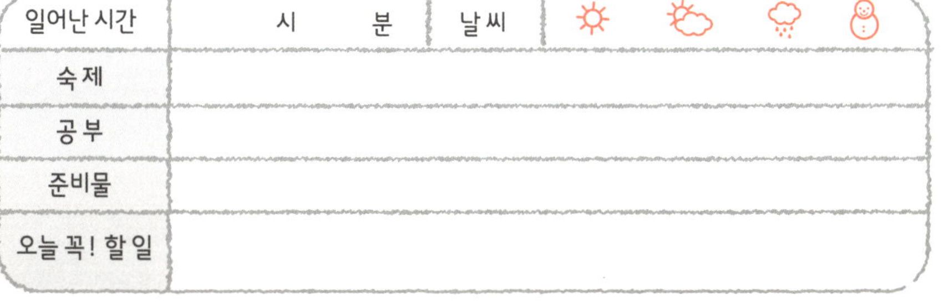

어제의 기록

어제했던 시간을 표시해봐요!

쿨쿨 잠자기	시	분
열심히 공부하기	시간	분
즐겁게 책읽기	시간	분
잼있게 놀기	시간	분

오늘의 준비

오늘의 할일을 적어봐요!

일어난 시간	시	분	날씨				
숙제							
공부							
준비물							
오늘 꼭! 할일							

20 4자리수 × 2자리수 (연습3)

소리내 풀기

아래 곱셈을 계산해 보세요.

1
```
  1 2 3 7
×     2 7
```

4
```
  5 9 6 8
×     5 4
```

7
```
  9 6 8 5
×     4 1
```

2
```
  2 7 4 6
×     3 2
```

5
```
  5 6 1 9
×     7 8
```

8
```
  1 0 8 2
×     1 7
```

3
```
  3 1 5 7
×     4 3
```

6
```
  3 9 6 1
×     9 6
```

9
```
  3 1 5 0
×     4 6
```

12 문제 중 ◯ 문제 맞았어!

10	2 7 4 8	11	5 0 1 3	12	6 0 2 5
	× 3 2		× 4 5		× 6 8

 어제의 기록

어제했던 시간을 표시해봐요!

쿨쿨 잠자기	시	분
열심히 공부하기	시간	분
즐겁게 책읽기	시간	분
잼있게 놀기	시간	분

오전　　　　오후

7 8 9 10 11 12 1 2 3 4 5 6 7 8 9 10

오늘의 준비

오늘의 할일을 적어봐요!

일어난 시간	시	분	날씨	☀ 🌤 🌧 ⛄
숙제				
공부				
준비물				
오늘꼭! 할일				

21 몇 십으로 나누기(1)

60 ÷ 20의 계산

6 ÷ 2 = 3 이므로
60 ÷ 20 = 3 입니다.

$$20 \overline{)60} \quad \begin{array}{c}3\end{array}$$

60 ÷ 20 = 3
6 ÷ 2 = 3

70 ÷ 20의 계산

7 ÷ 2 = 몫3 나머지 1입니다.
70 ÷ 20 = 몫3 나머지 10이 됩니다.

70 ÷ 20 = 3 나머지 10
7 ÷ 2 = 3 나머지 1

아래의 나눗셈의 몫을 구하고 나머지가 있는것은 나머지도 구하세요.

1 40 ÷ 20 =

7 50 ÷ 20 =

2 90 ÷ 30 =

8 70 ÷ 30 =

3 120 ÷ 40 =

9 150 ÷ 40 =

4 150 ÷ 30 =

10 170 ÷ 30 =

5 120 ÷ 60 =

11 160 ÷ 30 =

6 270 ÷ 90 =

12 290 ÷ 90 =

16 문제 중 　문제 맞았어!

13 $420 \div 70 =$

15 $490 \div 90 =$

14 $560 \div 80 =$

16 $510 \div 60 =$

 어제의 기록

어제했던 시간을 표시해봐요!

			오전						오후			
쿨쿨 잠자기	시	분										
열심히 공부하기	시간	분										
즐겁게 책읽기	시간	분										
잼있게 놀기	시간	분										

7 8 9 10 11 12 1 2 3 4 5 6 7 8 9 10

오늘의 준비

오늘의 할일을 적어봐요!

일어난 시간	시	분	날 씨	☀	⛅	🌧	⛄
숙 제							
공 부							
준비물							
오늘 꼭! 할일							

오늘의 나와 가장 가까운 답에 O표 하세요!

- ✦ 오늘의 기분은 어때요? ☐ 좋아요. ☐ 나빠요. ☐ 그냥 그래요.
- ✦ 아침밥을 먹었나요? ☐ 네. ☐ 아니요.
- ✦ 친구하고 사이좋게 지내고 있나요? ☐ 네. ☐ 아니요.
- ✦ 오늘도 힘찬 하루를 보낼 준비 됐나요? ☐ 네. ☐ 아니요.
- ✦ 오늘은 ☐ 즐거울거 ☐ 슬플거 ☐ 기타( ) 같아요!

22 몇십으로 나누기(2)

254 ÷ 40의 계산

$40 \times 5 = 200$
$40 \times 6 = 240$
$40 \times 7 = 280$

254를 40으로 나눌 수 있는 몫은 6

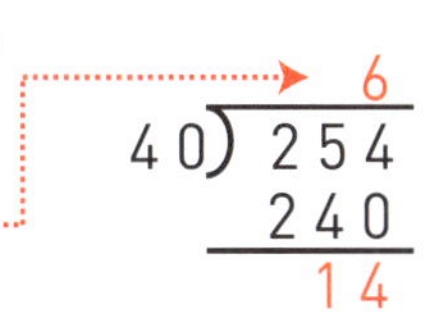

254 ÷ 40=몫6 나머지 14의 검산

254 ÷ 40 = 몫6 나머지 14

$40 \times 6 + 14 = 254$

(검산) 나누는수 × 몫 + 나머지 = 나눠지는수

나눗셈을 풀어 몫과 나누기를 구하고, 검산해 보세요.

1

$40 \overline{)325}$

(검산) ____________________

2

$60 \overline{)493}$

(검산) ____________________

3

$30 \overline{)296}$

(검산) ____________________

4

$50 \overline{)254}$

(검산) ____________________

5 50)362

(검산) ____________________

7 30)175

(검산) ____________________

6 30)261

(검산) ____________________

8 20)174

(검산) ____________________

 **어제의 기록**

어제했던 시간을 표시해봐요!

쿨쿨 잠자기	시	분
열심히 공부하기	시간	분
즐겁게 책읽기	시간	분
잼있게 놀기	시간	분

오전 / 오후

7 8 9 10 11 12 1 2 3 4 5 6 7 8 9 10

오늘의 준비

오늘의 할일을 적어봐요!

일어난 시간	시	분	날씨				
숙제							
공부							
준비물							
오늘 꼭! 할일							

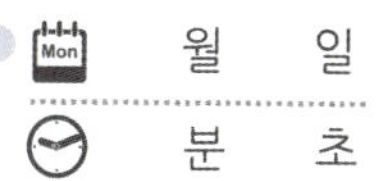

23 몇십으로 나누기(연습)

아래 문제의 몫과 나머지를 구하세요.

1

$40 \overline{)323}$

2

$60 \overline{)593}$

3

$90 \overline{)632}$

4

$30 \overline{)132}$

5

$50 \overline{)446}$

6

$70 \overline{)562}$

7

$20 \overline{)112}$

8

$70 \overline{)375}$

9

$80 \overline{)367}$

15 문제 중   문제 맞았어!

10 $50\,\overline{)325}$

12 $60\,\overline{)523}$

14 $90\,\overline{)482}$

11 $40\,\overline{)361}$

13 $70\,\overline{)675}$

15 $80\,\overline{)327}$

 어제의 기록

어제했던 시간을 표시해봐요!

쿨쿨 잠자기	시	분
열심히 공부하기	시간	분
즐겁게 책읽기	시간	분
잼있게 놀기	시간	분

오늘의 준비

오늘의 할일을 적어봐요!

일어난 시간	시	분	날씨	☀ ☁ 🌧 ⛄
숙제				
공부				
준비물				
오늘 꼭! 할일				

24 2자리수 ÷ 2자리수

85 ÷ 13의 계산

$13 × 5 = 65$

$13 × 6 = 78$

$13 × 7 = 91$

85를 13으로 나눌 수 있는 몫은 6

$$13 \overline{)85}$$

85 ÷ 13 = 몫6 나머지 7의 검산

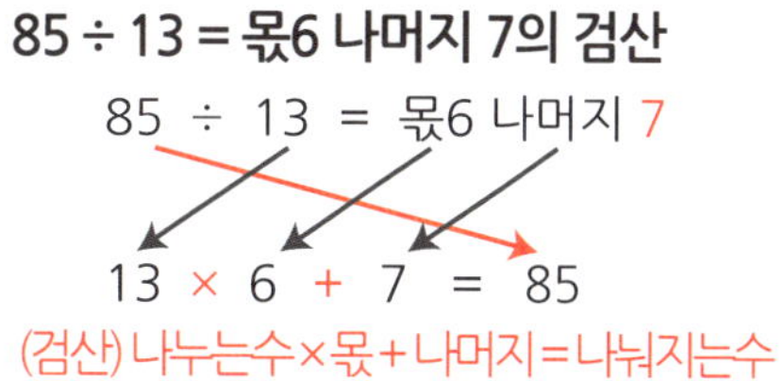

(검산) 나누는수 × 몫 + 나머지 = 나눠지는수

아래 나눗셈의 몫과 나머지를 구하고, 검산해 보세요.

1

$$23 \overline{)95}$$

(검산) ______________________

2

$$34 \overline{)79}$$

(검산) ______________________

3

$$14 \overline{)95}$$

(검산) ______________________

4

$$19 \overline{)76}$$

(검산) ______________________

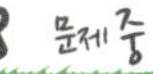

5

$36 \overline{)95}$

(검산) ....

7

$42 \overline{)95}$

(검산) ....

6

$27 \overline{)79}$

(검산) ....

8

$27 \overline{)76}$

(검산) ....

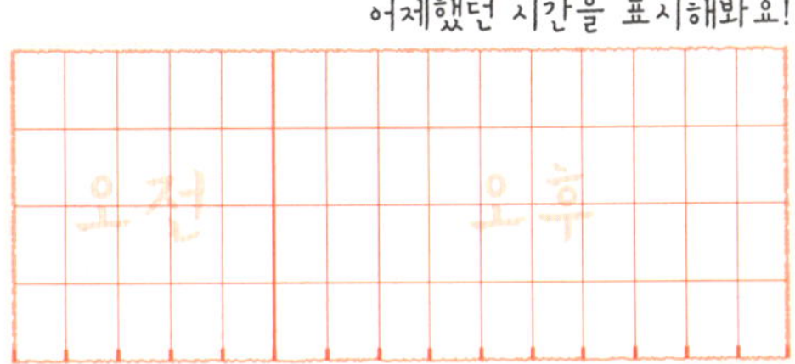 어제의 기록

어제했던 시간을 표시해봐요!

쿨쿨 잠자기	시	분
열심히 공부하기	시간	분
즐겁게 책읽기	시간	분
잼있게 놀기	시간	분

오늘의 준비

오늘의 할일을 적어봐요!

일어난 시간	시	분	날씨				
숙제							
공부							
준비물							
오늘 꼭! 할일							

25 2자리수 ÷ 2자리수 (연습)

소리내 풀기

아래 문제의 몫과 나머지를 구하세요.

1

$23\overline{)89}$

2

$28\overline{)76}$

3

$26\overline{)65}$

4

$13\overline{)36}$

5

$19\overline{)92}$

6

$17\overline{)71}$

7

$36\overline{)87}$

8

$25\overline{)73}$

9

$14\overline{)94}$

15 문제 중 ☐ 문제 맞았어!

10 $16)\overline{73}$

12 $32)\overline{89}$

14 $43)\overline{94}$

11 $28)\overline{94}$

13 $29)\overline{76}$

15 $22)\overline{63}$

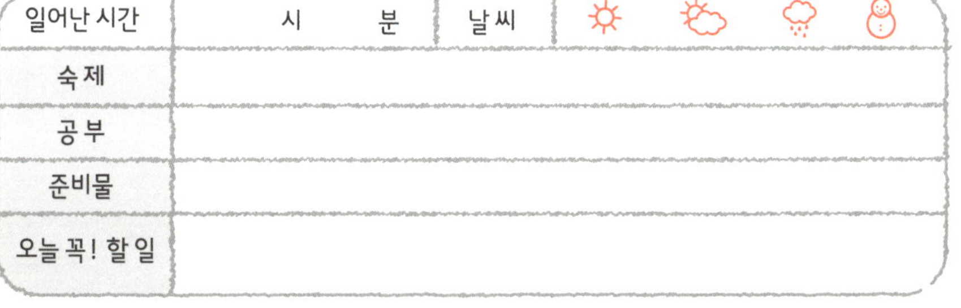

어제의 기록

어제했던 시간을 표시해봐요!

쿨쿨 잠자기	시	분
열심히 공부하기	시간	분
즐겁게 책읽기	시간	분
잼있게 놀기	시간	분

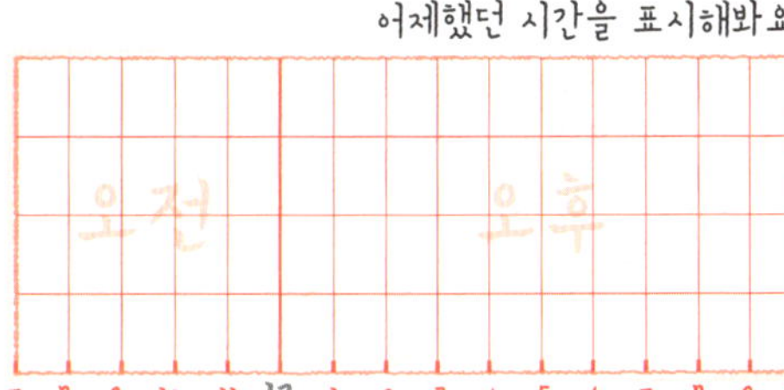

오늘의 준비

오늘의 할일을 적어봐요!

일어난 시간	시	분	날씨				
숙제							
공부							
준비물							
오늘 꼭! 할일							

26 3자리수 ÷ 2자리수 (1)

179 ÷ 23의 계산

23 × 6 = 138
23 × 7 = 161
23 × 8 = 184
179를 23으로 나눌 수 있는 몫은 7

$$23 \overline{)179} = 7$$
$$161$$
$$18$$

179 ÷ 23 = 몫7 나머지 18의 검산

179 ÷ 23 = 몫7 나머지 18

23 × 7 + 18 = 179

(검산) 나누는수 × 몫 + 나머지 = 나눠지는수

아래 나눗셈의 몫과 나머지를 구하고, 검산해 보세요.

1

$$23 \overline{)155}$$

(검산) ________________________________

3

$$18 \overline{)115}$$

(검산) ________________________________

2

$$34 \overline{)309}$$

(검산) ________________________________

4

$$29 \overline{)213}$$

(검산) ________________________________

5

32)276

(검산) ....

7

63)425

(검산) ....

6

47)326

(검산) ....

8

57)407

(검산) ....

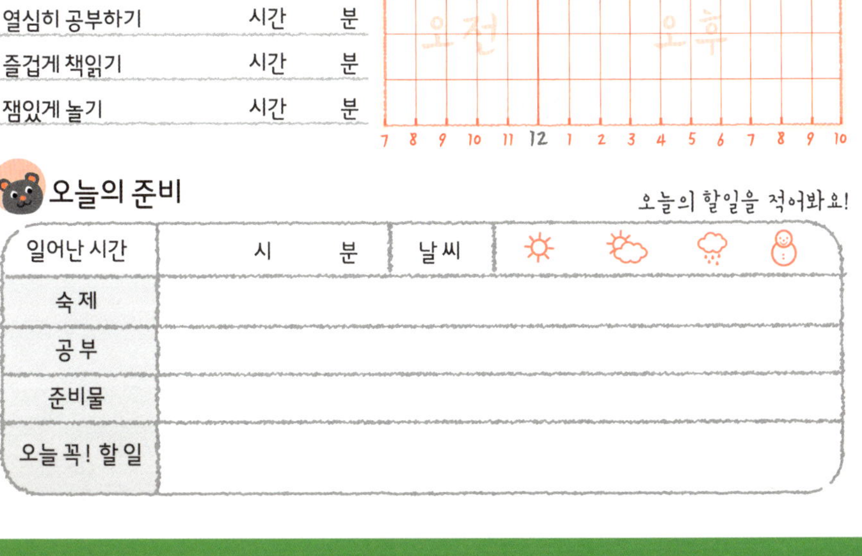

어제의 기록

어제했던 시간을 표시해봐요!

쿨쿨 잠자기	시	분
열심히 공부하기	시간	분
즐겁게 책읽기	시간	분
잼있게 놀기	시간	분

7 8 9 10 11 12 1 2 3 4 5 6 7 8 9 10

오전　오후

오늘의 준비

오늘의 할일을 적어봐요!

일어난 시간	시	분	날씨				
숙제							
공부							
준비물							
오늘꼭! 할일							

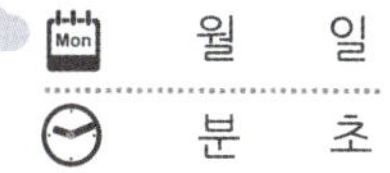

27 3자리수 ÷ 2자리수(연습1)

소리내 풀기

아래 문제의 몫과 나머지를 구하세요.

1
$22 \overline{)125}$

4
$35 \overline{)296}$

7
$54 \overline{)426}$

2
$31 \overline{)293}$

5
$47 \overline{)354}$

8
$68 \overline{)354}$

3
$23 \overline{)216}$

6
$26 \overline{)192}$

9
$32 \overline{)303}$

15 문제 중 　문제 맞았어!

10 $48\overline{)325}$

12 $36\overline{)223}$

14 $25\overline{)162}$

11 $56\overline{)461}$

13 $47\overline{)225}$

15 $72\overline{)538}$

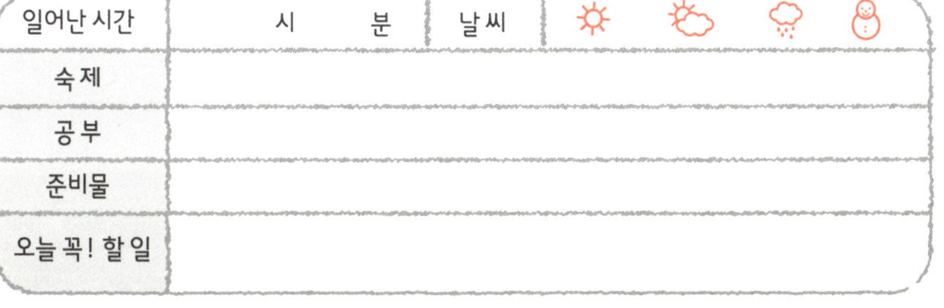 어제의 기록

어제했던 시간을 표시해봐요!

쿨쿨 잠자기	시	분
열심히 공부하기	시간	분
즐겁게 책읽기	시간	분
잼있게 놀기	시간	분

오늘의 준비

오늘의 할일을 적어봐요!

일어난 시간	시	분	날씨				
숙제							
공부							
준비물							
오늘꼭! 할일							

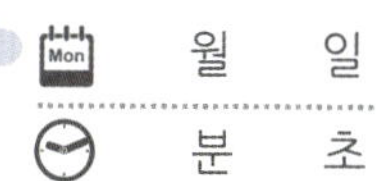

28 3자리수 ÷ 2자리수(2)

879 ÷ 23의 계산

$23 \times 2 = 46$

$23 \times 3 = 69$ ┈┈┈➤

$23 \times 4 = 92$

$$\begin{array}{r} 38 \\ 23\overline{)879} \\ 69 \\ \hline 189 \\ 184 \\ \hline 5 \end{array}$$

$23 \times 7 = 161$

← $23 \times 8 = 184$

$23 \times 9 = 207$

879 ÷ 23 = 몫38 나머지 5의 검산

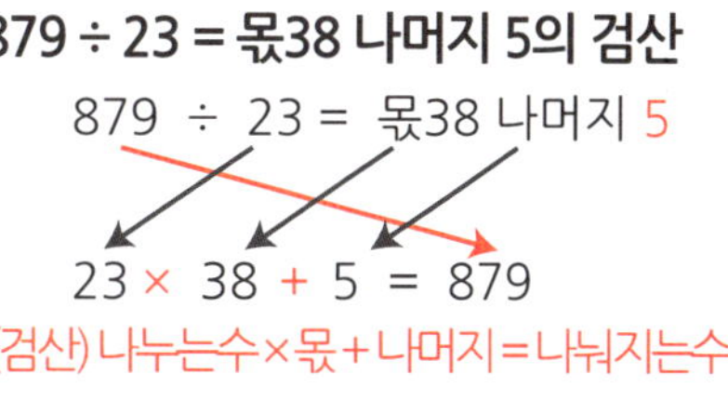

$879 \div 23 = $ 몫38 나머지 5

$23 \times 38 + 5 = 879$

(검산) 나누는수×몫＋나머지＝나눠지는수

아래 나눗셈의 몫과 나머지를 구하고, 검산해 보세요.

1

$$23\overline{)369}$$

3

$$14\overline{)671}$$

(검산) ┈┈┈┈┈┈┈┈┈┈

(검산) ┈┈┈┈┈┈┈┈┈┈

2

$$34\overline{)892}$$

4

$$29\overline{)763}$$

(검산) ┈┈┈┈┈┈┈┈┈┈

(검산) ┈┈┈┈┈┈┈┈┈┈

5

$13\overline{)362}$

6

$24\overline{)735}$

(검산) ....

(검산) ....

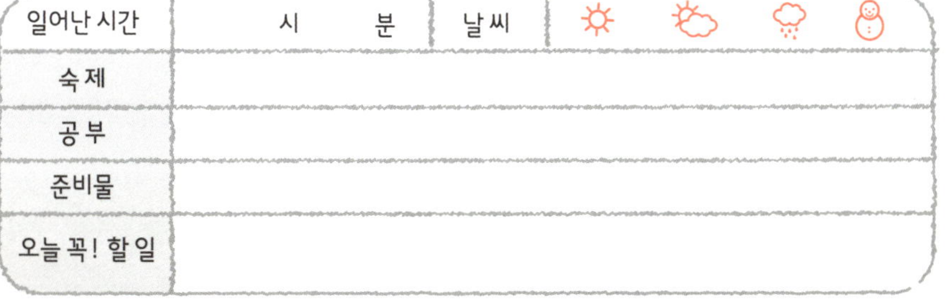

어제의 기록

어제했던 시간을 표시해봐요!

쿨쿨 잠자기	시	분
열심히 공부하기	시간	분
즐겁게 책읽기	시간	분
잼있게 놀기	시간	분

오늘의 준비

오늘의 할일을 적어봐요!

일어난 시간	시	분	날씨				
숙제							
공부							
준비물							
오늘 꼭! 할일							

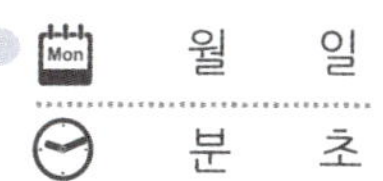

아래 문제의 몫과 나머지를 구하세요.

1 22)465

4 35)876

7 54)826

2 31)653

5 47)564

8 28)754

3 23)496

6 26)922

9 32)632

12 문제 중 ◯ 문제 맞았어!

10　$39\overline{)655}$

11　$27\overline{)786}$

12　$18\overline{)628}$

 **어제의 기록**

어제했던 시간을 표시해봐요!

쿨쿨 잠자기	시	분
열심히 공부하기	시간	분
즐겁게 책읽기	시간	분
잼있게 놀기	시간	분

오늘의 준비

오늘의 할일을 적어봐요!

일어난 시간	시	분	날씨				
숙제							
공부							
준비물							
오늘 꼭! 할일							

30 3자리수 ÷ 2자리수 (연습3)

아래 문제의 몫과 나머지를 구하세요.

1

13)275

4

21)434

7

32)926

2

15)435

5

42)683

8

48)754

3

27)369

6

36)572

9

57)892

10 29)732

11 32)654

12 17)537

 **어제의 기록**

어제했던 시간을 표시해봐요!

쿨쿨 잠자기	시	분
열심히 공부하기	시간	분
즐겁게 책읽기	시간	분
잼있게 놀기	시간	분

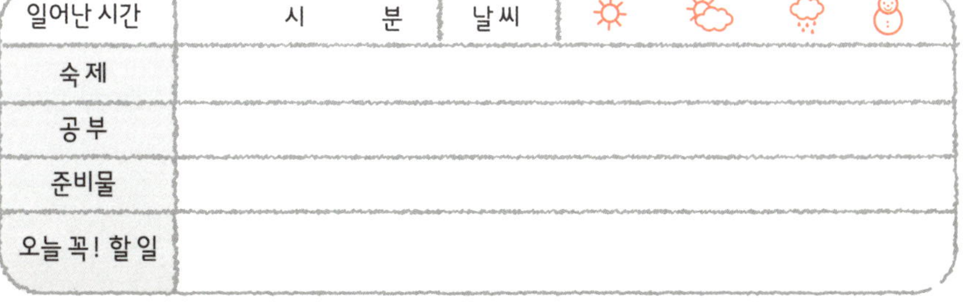 **오늘의 준비**

오늘의 할일을 적어봐요!

일어난 시간	시	분	날씨				
숙제							
공부							
준비물							
오늘 꼭! 할일							

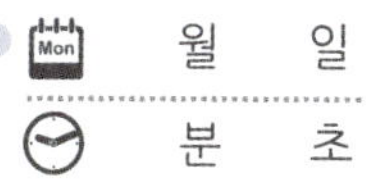

31 3자리수 ÷ 2자리수 (연습4)

아래 문제의 몫과 나머지를 구하세요.

1　　31)486

4　　45)926

7　　67)886

2　　46)875

5　　94)984

8　　74)754

3　　57)895

6　　53)762

9　　56)816

12 문제 중　　문제 맞았어!

10 $27 \overline{)512}$

11 $38 \overline{)874}$

12 $19 \overline{)627}$

어제의 기록

어제했던 시간을 표시해봐요!

쿨쿨 잠자기	시	분
열심히 공부하기	시간	분
즐겁게 책읽기	시간	분
잼있게 놀기	시간	분

오전 / 오후

7 8 9 10 11 12 1 2 3 4 5 6 7 8 9 10

오늘의 준비

오늘의 할일을 적어봐요!

일어난 시간	시	분	날씨	
숙제				
공부				
준비물				
오늘 꼭! 할일				

32 3자리수 ÷ 2자리수 (연습5)

아래 문제의 몫과 나머지를 구하세요.

1

$12\overline{)684}$

4

$35\overline{)786}$

7

$44\overline{)987}$

2

$21\overline{)986}$

5

$27\overline{)645}$

8

$38\overline{)816}$

3

$33\overline{)367}$

6

$16\overline{)476}$

9

$22\overline{)900}$

12 문제 중 ◯ 문제 맞았기!

10 21)421

11 37)892

12 12)912

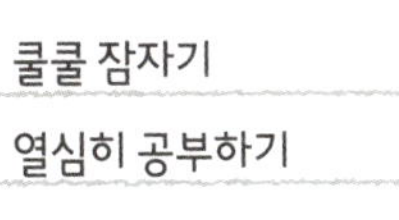 어제의 기록

어제했던 시간을 표시해봐요!

쿨쿨 잠자기	시	분
열심히 공부하기	시간	분
즐겁게 책읽기	시간	분
잼있게 놀기	시간	분

오전　　　오후

7　8　9　10　11　12　1　2　3　4　5　6　7　8　9　10

 오늘의 준비

오늘의 할일을 적어봐요!

일어난 시간	시	분	날씨				
숙제							
공부							
준비물							
오늘 꼭! 할일							

33 3자리수 ÷ 2자리수 (연습6)

아래 문제의 몫과 나머지를 구하세요.

1   12)965

2   36)753

3   27)496

4   35)676

5   47)864

6   26)722

7   58)926

8   28)854

9   39)832

12 문제 중 ◯ 문제 맞았어!

10 $21\overline{)912}$

11 $36\overline{)537}$

12 $14\overline{)729}$

 **어제의 기록**

어제했던 시간을 표시해봐요!

쿨쿨 잠자기	시	분
열심히 공부하기	시간	분
즐겁게 책읽기	시간	분
잼있게 놀기	시간	분

오전   오후

7 8 9 10 11 12 1 2 3 4 5 6 7 8 9 10

 **오늘의 준비**

오늘의 할일을 적어봐요!

일어난 시간	시	분	날씨	☀ ⛅ 🌧 ⛄
숙제				
공부				
준비물				
오늘 꼭! 할일				

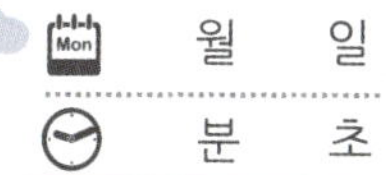

+ - 이 섞여있는 계산은 앞에서 부터 차례로 계산합니다.

$25 + 14 - 23 = 16$

39

16

$36 - 13 + 18 = 41$

23

41

위와 같이 앞에서 부터 차례로 계산해 보세요.

1 $23 + 17 - 12 =$

4 $23 - 17 + 12 =$

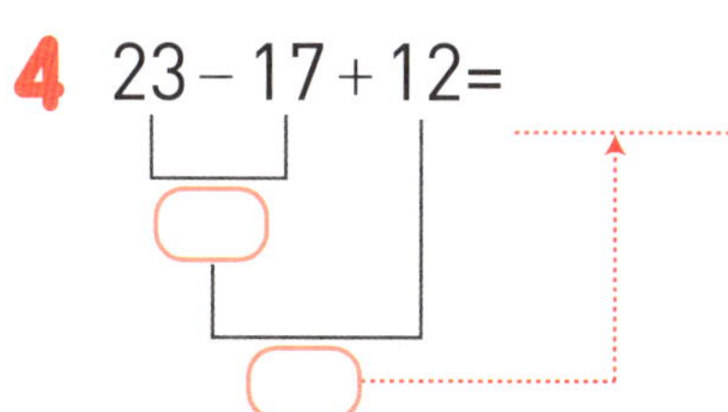

2 $12 + 27 - 23 =$

5 $27 - 12 + 23 =$

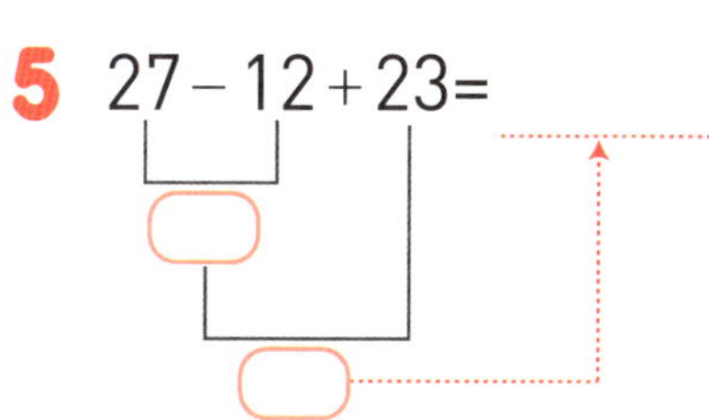

3 $34 + 15 - 27 =$

6 $32 - 15 + 34 =$

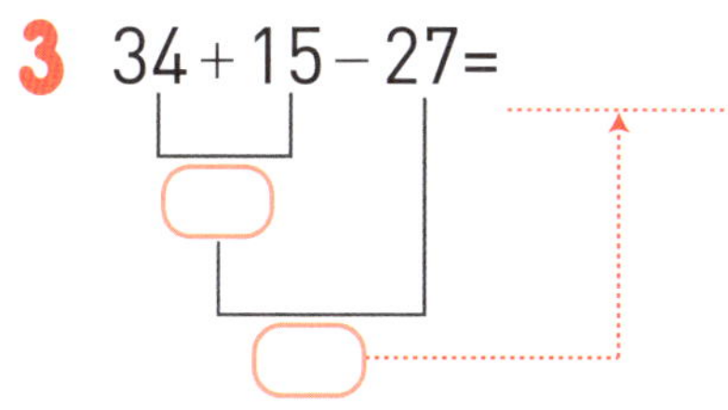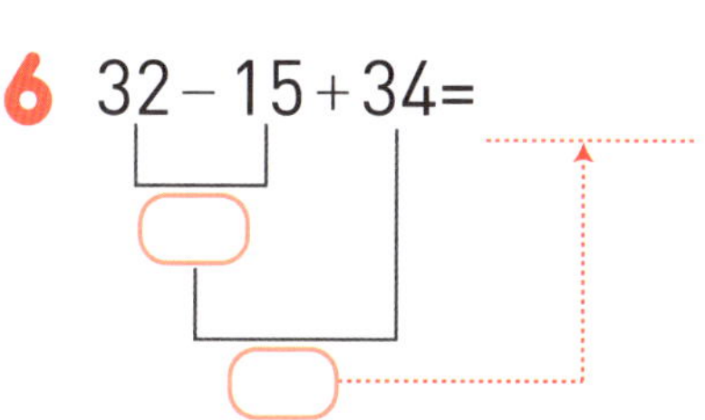

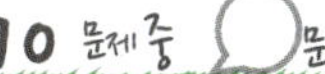

7 $23 - 8 + 11 =$

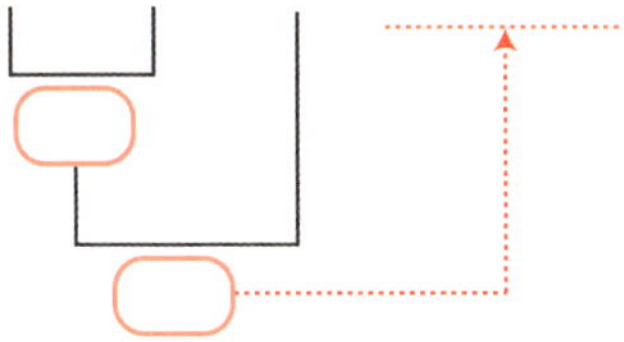

9 $43 + 9 - 27 =$

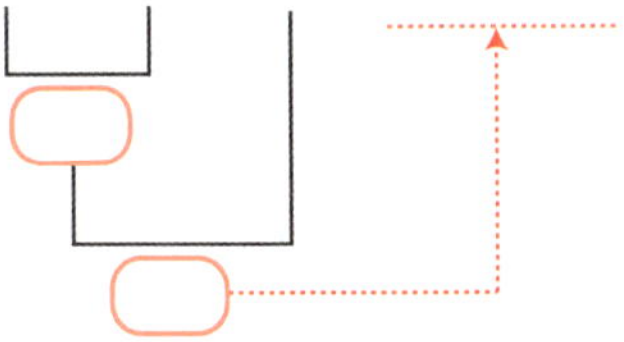

8 $12 + 67 - 35 =$

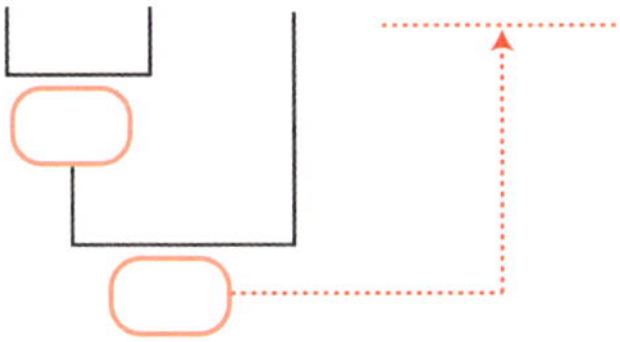

10 $43 - 35 + 15 =$

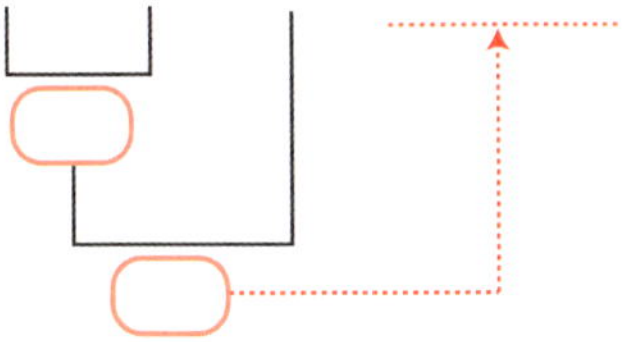

 어제의 기록

어제했던 시간을 표시해봐요!

쿨쿨 잠자기	시	분
열심히 공부하기	시간	분
즐겁게 책읽기	시간	분
잼있게 놀기	시간	분

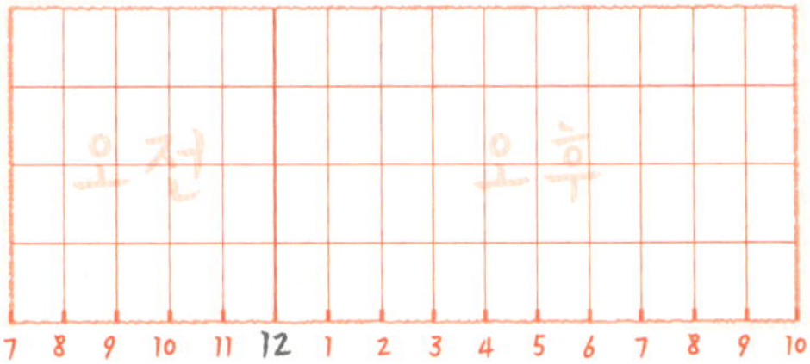

오늘의 준비

오늘의 할일을 적어봐요!

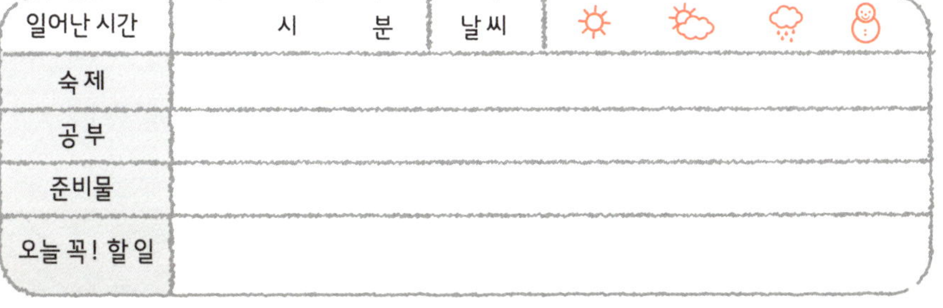

일어난 시간	시	분	날씨				
숙 제							
공 부							
준비물							
오늘꼭! 할일							

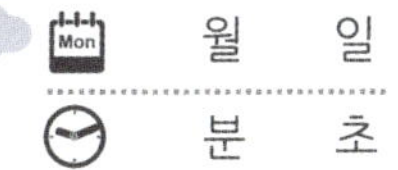

35 곱셈·나눗셈 혼합계산

×÷ 이 섞여있는 계산은 앞에서 부터 차례로 계산합니다.

$$8 \times 12 \div 4 = 24$$

1 96
2 24

$$96 \div 6 \times 4 = 64$$

1 16
2 64

위와 같이 앞에서 2개의 수씩 차례로 계산해 보세요.

1 $24 \times 3 \div 6 =$

4 $48 \div 4 \times 11 =$
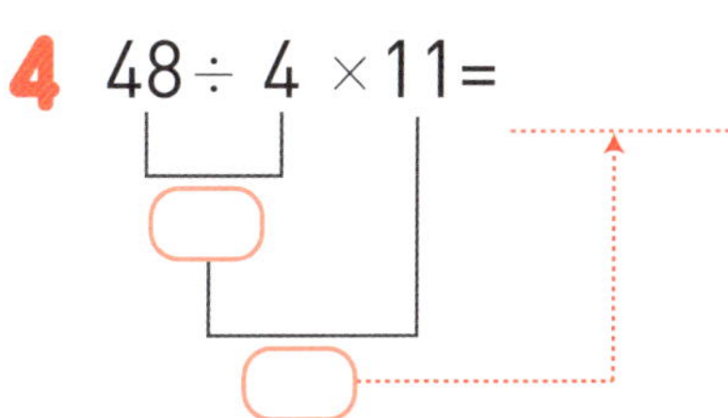

2 $21 \times 10 \div 5 =$

5 $96 \div 3 \times 6 =$

3 $18 \times 4 \div 8 =$
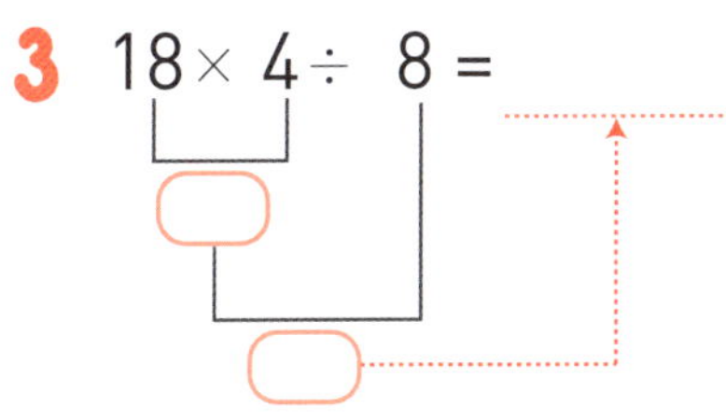

6 $90 \div 15 \times 10 =$
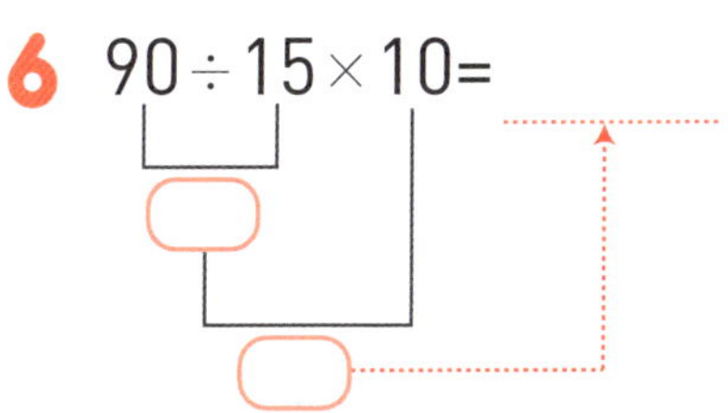

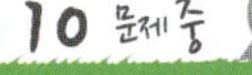

10 문제중 문제 맞았어!

7 $8 \times 15 \div 12 =$

9 $72 \div 4 \times 3 =$

8 $48 \div 6 \times 7 =$

10 $25 \div 5 \times 7 =$

어제의 기록

어제했던 시간을 표시해봐요!

쿨쿨 잠자기	시	분
열심히 공부하기	시간	분
즐겁게 책읽기	시간	분
잼있게 놀기	시간	분

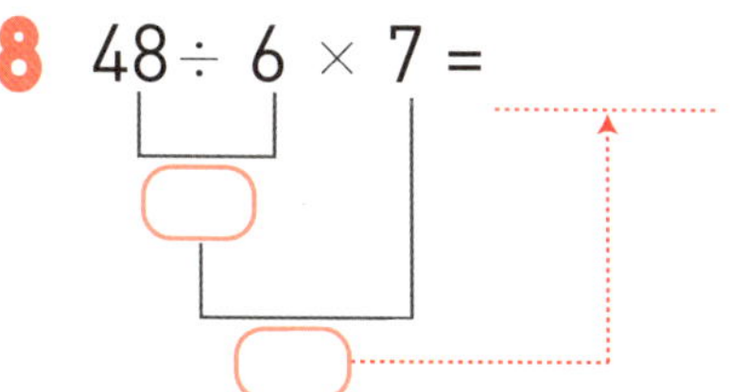

오늘의 준비

오늘의 할일을 적어봐요!

일어난 시간	시	분	날 씨				
숙 제							
공 부							
준비물							
오늘 꼭! 할일							

36 ()가 있는 혼합계산

( ) 괄호가 있으면 ( ) 먼저 계산하고 앞에서 부터 차례로 계산합니다.

$$8 \times (12 \div 4) = 24$$

3
24

$$36 - (24 - 11) = 23$$

13
23

괄호가 있는식은 괄호를 먼저 계산합니다. 아래를 풀어보세요.

1 $24 \times (18 \div 3) =$

4 $48 - (36 - 21) =$

2 $22 \div (10 \div 5) =$

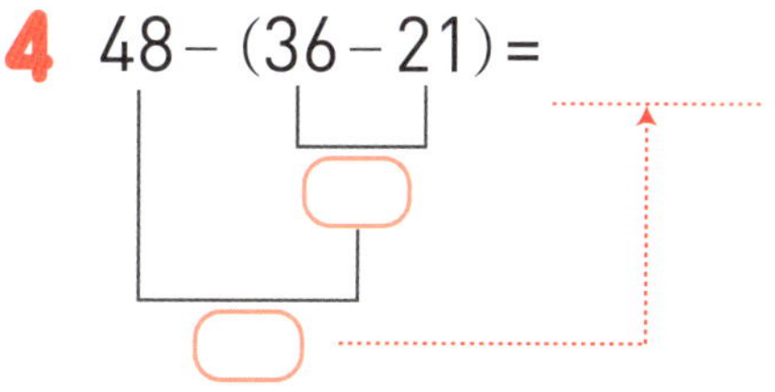

5 $56 - (26 + 12) =$

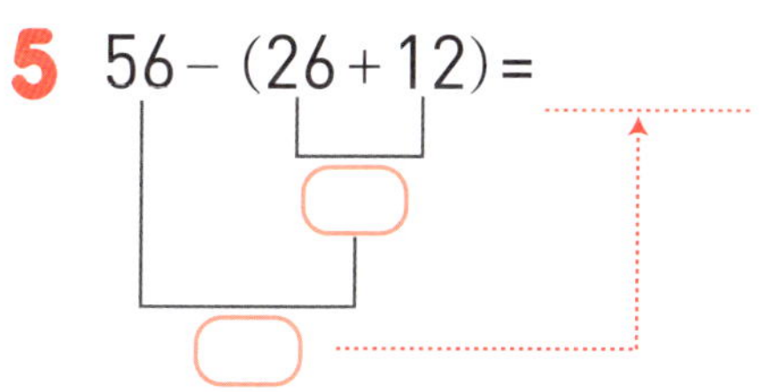

3 $18 \div (16 \div 8) =$

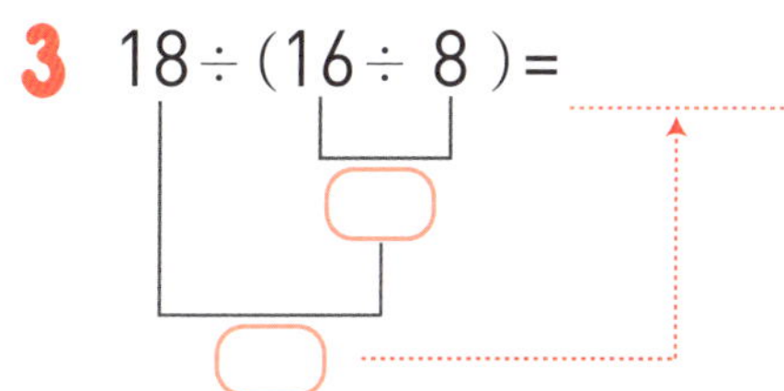

6 $30 + (47 - 29) =$

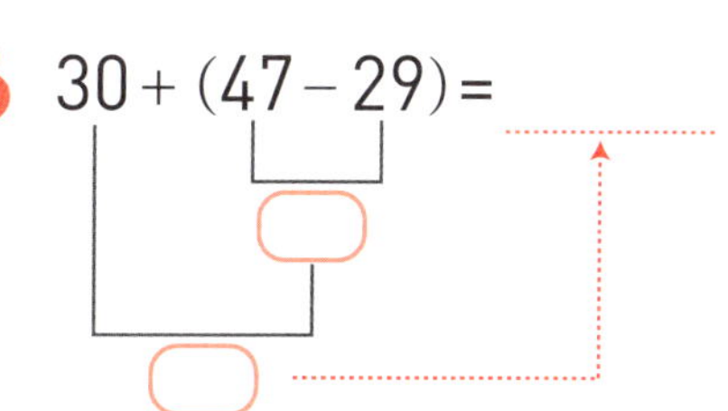

10 문제중 ◯ 문제 맞았어!

7 $72 \times (4 \div 4) =$

9 $64 - (42 + 15) =$

8 $96 \div (2 \times 6) =$

10 $43 - (18 + 15) =$

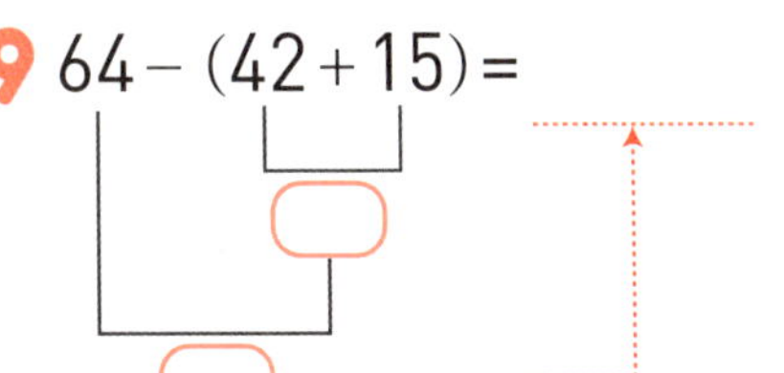 어제의 기록

어제했던 시간을 표시해봐요!

쿨쿨 잠자기	시	분
열심히 공부하기	시간	분
즐겁게 책읽기	시간	분
잼있게 놀기	시간	분

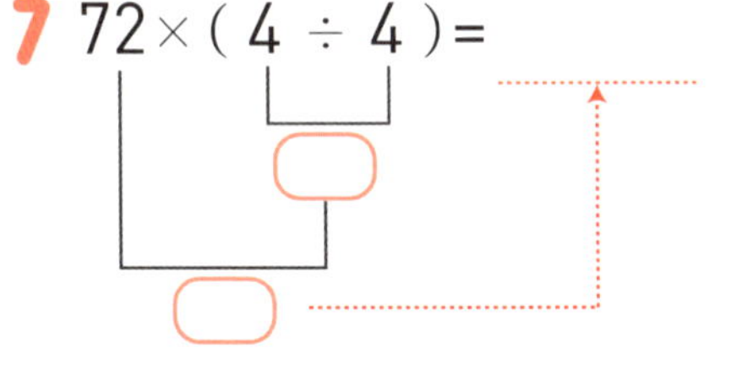

 오늘의 준비

오늘의 할일을 적어봐요!

일어난 시간	시	분	날씨				
숙제							
공부							
준비물							
오늘꼭! 할일							

37 + − × ÷ 혼합계산

+, −, ×, ÷ 이 다 있으면 ×, ÷ 먼저 계산하고 앞에서 부터 차례로 계산합니다.

$$8 - 12 \div 4 + 3 = 8$$

$$8 - 12 \div 4 + 3 \times 4 = 17$$

혼합식은 ×, ÷ 을 먼저 계산합니다. 주의하여 아래를 풀어보세요.

1 $24 - 27 \div 3 + 12$

4 $61 - 4 \times 7 - 5 \times 6$

2 $13 + 12 \times 4 - 24$

5 $48 - 84 \div 4 - 9 \times 2$

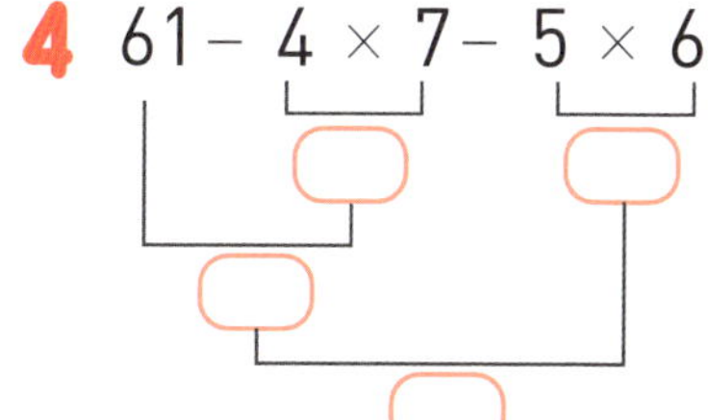

3 $6 \times 5 + 36 \div 6$

6 $34 - 8 \times 6 \div 8 + 6$

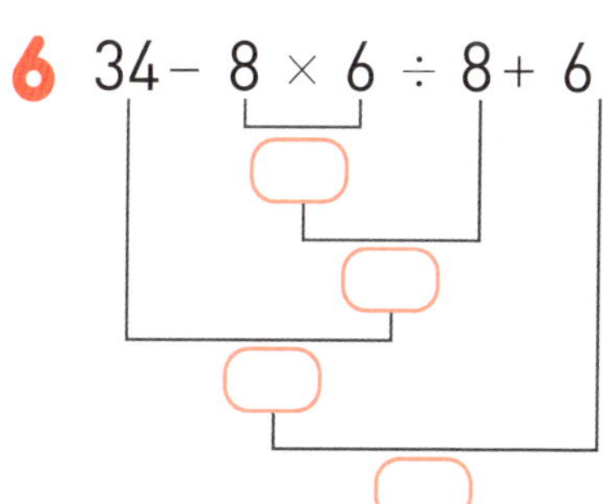

10 문제 중 　 문제 맞았어!

7 $30 - 21 \div 7 + 4$

9 $63 - 4 \times 7 - 5 \times 1$

8 $20 + 7 \times 4 - 5$

10 $42 - 72 \div 8 + 4 \times 2$

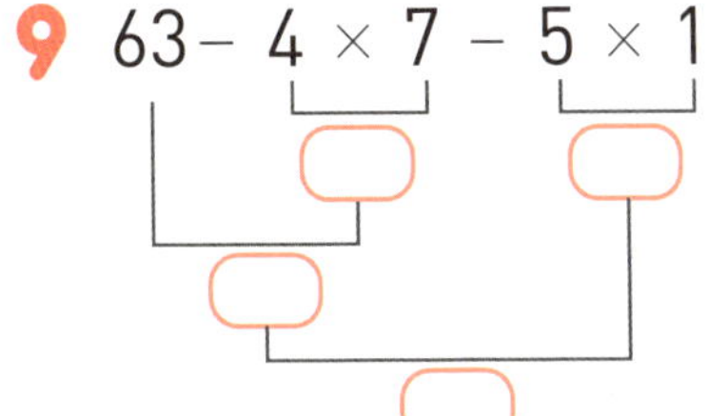 어제의 기록

어제했던 시간을 표시해봐요!

쿨쿨 잠자기	시	분
열심히 공부하기	시간	분
즐겁게 책읽기	시간	분
잼있게 놀기	시간	분

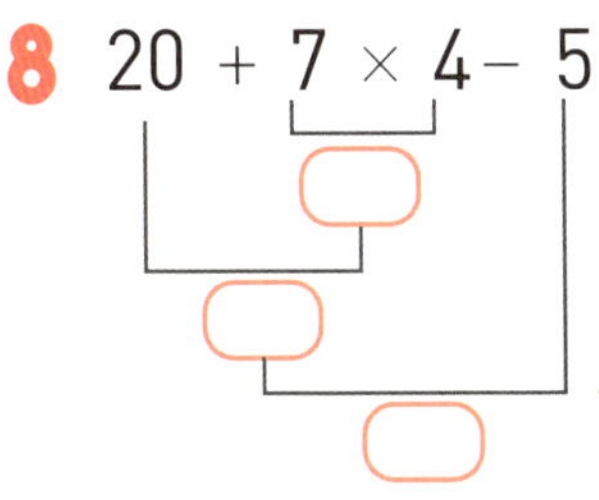

 오늘의 준비

오늘의 할일을 적어봐요!

일어난 시간	시	분	날씨				
숙제							
공부							
준비물							
오늘 꼭! 할일							

38 {}가 있는 혼합계산

( ) 괄호안을 먼저 계산한 후, { } 중괄호를 계산하고, 처음부터 계산합니다.

$$8 \times 4 + \{(40-12) \div 4\} = 39$$

32　　28　　7　　39

$$8 \times \{4 + (40-12) \div 4\} = 88$$

28　　7　　11　　88

혼합식은 괄호를 가장 먼저 계산합니다. 아래를 풀어보세요.

1 $24 + \{6 \times (24-12) \div 3\}$

3 $89 + \{(72-36) \div 4 - 2\}$

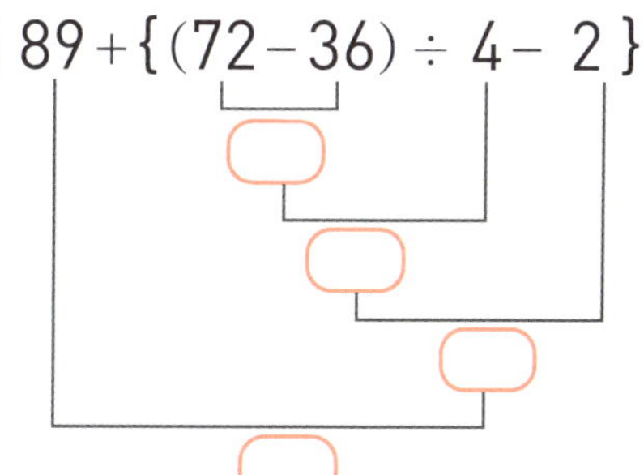

2 $12 - \{36 \div (91-79) \times 3\}$

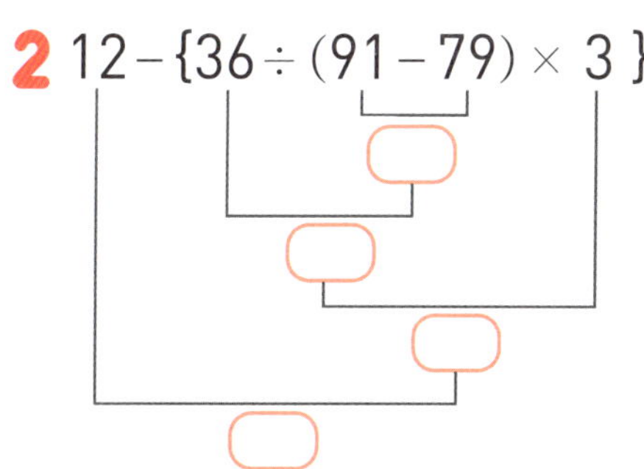

4 $99 + \{(12+24) \div 18 - 2\}$

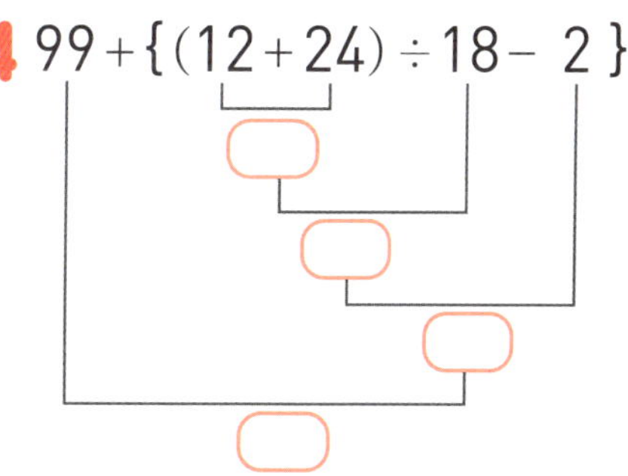

5 문제 중　　문제 맞았어!

5 $6 + \{(39 - 17) \div 2 + 3 \times (24 - 12) \div 3\} + 5$

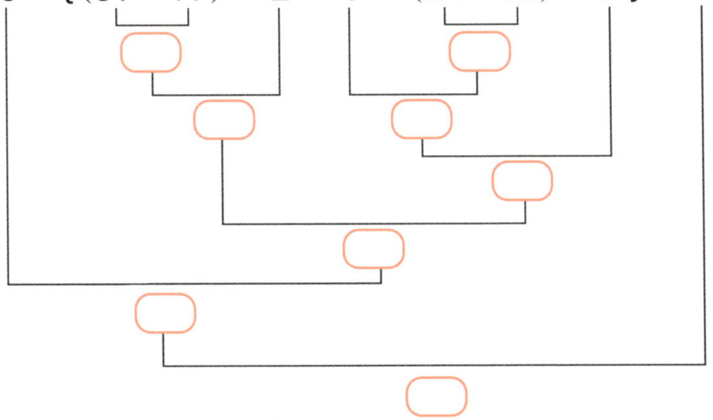

 어제의 기록

어제했던 시간을 표시해봐요!

쿨쿨 잠자기	시	분
열심히 공부하기	시간	분
즐겁게 책읽기	시간	분
잼있게 놀기	시간	분

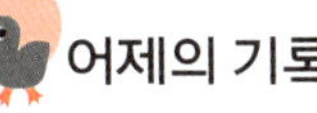

 오늘의 준비

오늘의 할일을 적어봐요!

일어난 시간	시	분	날씨	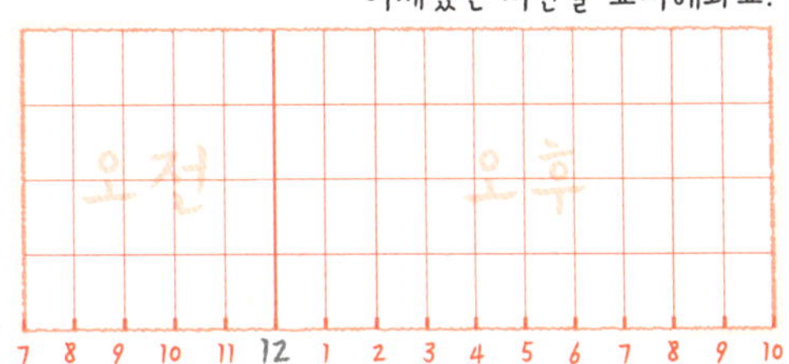
숙 제				
공 부				
준비물				
오늘 꼭! 할일				

39 혼합계산 (연습1)

아래의 혼합식을 풀어서 값을 적으세요

1 23 + 13 − 10 =

2 20 × 5 ÷ 10 =

3 6 × (18 ÷ 2) =

4 70 − (23 + 17) =

5 91 − 92 ÷ 4 + 12 =

6 65 − 2 × 12 − 24 ÷ 6

7 56 − 7 × 6 ÷ 2 + 24

8 $15 + \{(55 - 25) \div 10 + 2 \times (56 - 8) \div 3\} \div 5$

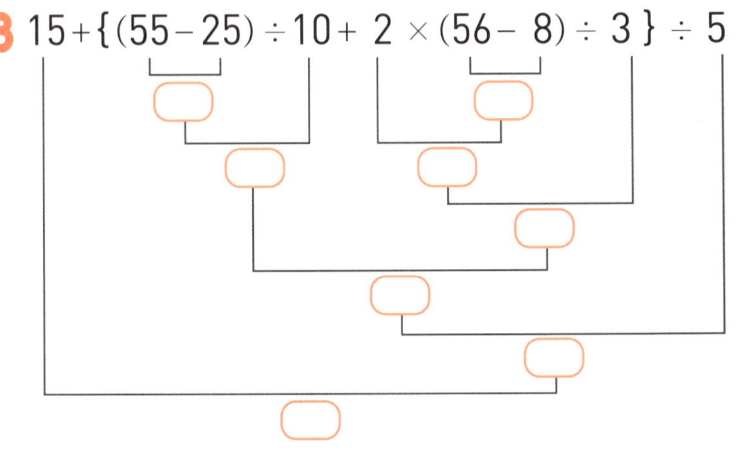

 어제의 기록

어제했던 시간을 표시해봐요!

쿨쿨 잠자기	시	분
열심히 공부하기	시간	분
즐겁게 책읽기	시간	분
잼있게 놀기	시간	분

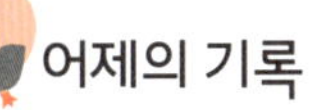

 오늘의 준비

오늘의 할일을 적어봐요!

일어난 시간	시	분	날씨	☀ ☁ 🌧 ⛄
숙제				
공부				
준비물				
오늘 꼭! 할일				

40 혼합계산 (연습2)

아래 혼합식을 풀어서 값을 적으세요

1 $12 + 15 - 11 =$

2 $24 \times 3 \div 12 =$

3 $20 \times (63 \div 7) =$

4 $52 - (27 + 16) =$

5 $84 - 72 \div 6 + 12 =$

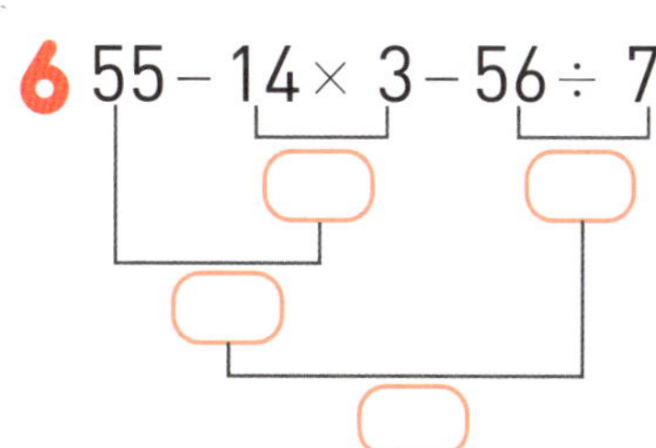

6 $55 - 14 \times 3 - 56 \div 7$

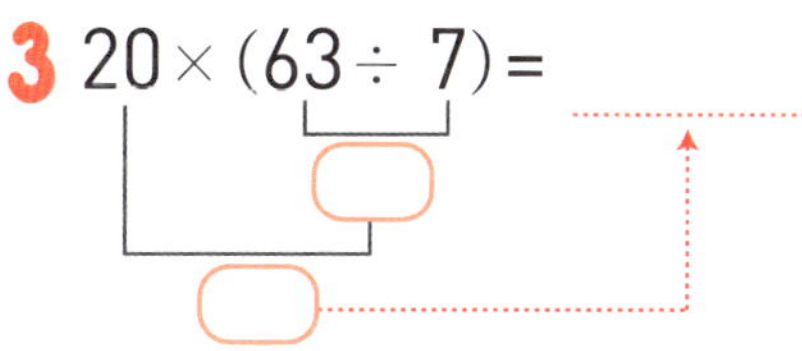

7 $63 - 8 \times 7 \div 14 + 15$

8 $12+\{(27-17)\div 2 + 5 \times (36-16)\div 4\} + 6 \div 3$

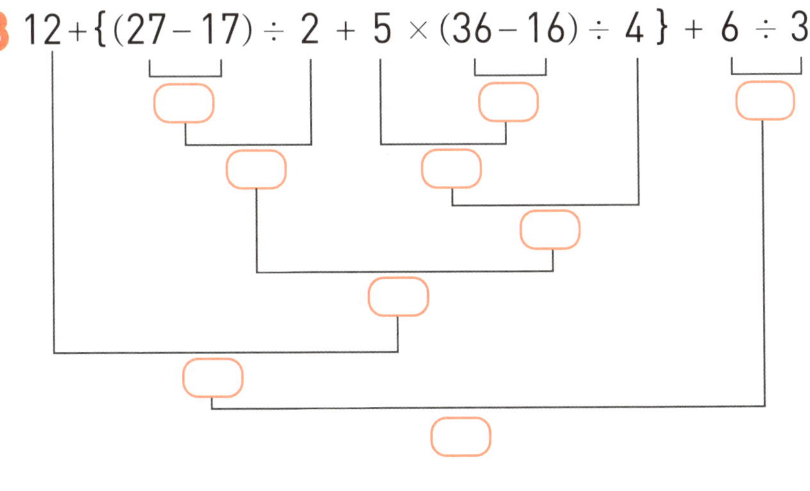

 어제의 기록

어제했던 시간을 표시해봐요!

쿨쿨 잠자기	시	분
열심히 공부하기	시간	분
즐겁게 책읽기	시간	분
쟘있게 놀기	시간	분

 오늘의 준비

오늘의 할일을 적어봐요!

일어난 시간	시	분	날 씨				
숙 제							
공 부							
준비물							
오늘 꼭! 할일							

41 혼합계산 (연습3)

아래 수식을 풀어서 값을 적으세요

1 $23 - 12 + 6 =$

2 $23 - (12 + 6) =$

3 $3 \times 12 \div 6 =$

4 $3 \times (12 \div 6) =$

5 $32 - 36 \div 12 + 16 =$

6 $42 - 6 \times 4 - 56 \div 8 =$

7 $36 - 6 \times 6 \div 12 + 12 =$

8 $24+\{\,6\times(24-12)\div3\,\}+\{(72-36)\div4-2\,\}$

 어제의 기록

어제했던 시간을 표시해봐요!

쿨쿨 잠자기	시	분
열심히 공부하기	시간	분
즐겁게 책읽기	시간	분
잼있게 놀기	시간	분

오전　오후

7　8　9　10　11　12　1　2　3　4　5　6　7　8　9　10

 오늘의 준비

오늘의 할일을 적어봐요!

일어난 시간	시	분	날씨	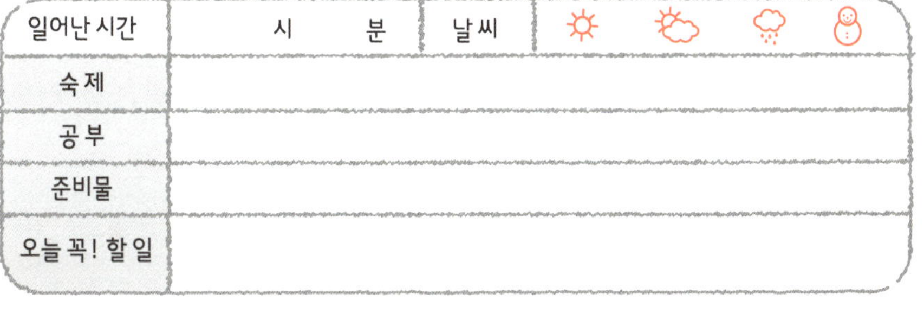
숙제				
공부				
준비물				
오늘 꼭! 할일				

42 혼합계산(연습4)

아래 수식을 풀어서 값을 적으세요

1 $57 - 19 + 28 =$

2 $57 - (19 + 28) =$

3 $22 \times 14 \div 2 =$

4 $22 \times (14 - 2) =$

5 $63 - 84 \div 6 + 11 =$

6 $61 - 4 \times (29 - 5) \div 8 =$

7 $(54 - 19) \div (17 - 12) =$

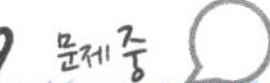

8 $88 \div \{2 \times (24 - 12) \div 3\}$　　**9** $88 \div \{2 \times 24 - 12 \div 3\}$

어제의 기록

어제했던 시간을 표시해봐요!

쿨쿨 잠자기	시	분
열심히 공부하기	시간	분
즐겁게 책읽기	시간	분
잼있게 놀기	시간	분

오전　　오후

7 8 9 10 11 12 1 2 3 4 5 6 7 8 9 10

오늘의 준비

오늘의 할일을 적어봐요!

일어난 시간	시	분	날 씨	☀	⛅	🌧	⛄
숙 제							
공 부							
준비물							
오늘꼭! 할일							

43 혼합계산 (연습5)

아래 수식을 풀어서 값을 적으세요

1 $87 - 29 + 13 =$

2 $87 - (29 + 13) =$

3 $26 \times 12 \div 4 =$

4 $26 \times (12 + 8) =$

5 $56 - 24 \div 12 \times 2 + 24 =$

6 $56 - 24 \div (12 \times 2) + 24 =$

7 $56 - 24 \div 12 \times (2 + 24) =$

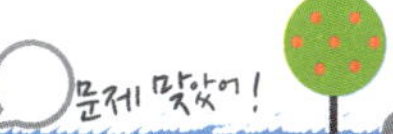

8 $12 \div \{ (27 - 15) \div 2 + 6 \times (35 - 25) \div 10 \}$

 **어제의 기록**

어제했던 시간을 표시해봐요!

쿨쿨 잠자기	시	분
열심히 공부하기	시간	분
즐겁게 책읽기	시간	분
잼있게 놀기	시간	분

오전　　오후

7 8 9 10 11 12 1 2 3 4 5 6 7 8 9 10

 **오늘의 준비**

오늘의 할일을 적어봐요!

일어난 시간	시	분	날씨				
숙 제							
공 부							
준비물							
오늘 꼭! 할일							

44 혼합계산(연습6)

아래 수식을 풀어서 값을 적으세요

1 $76+21-59=$

2 $30\times5\div6=$

3 $8\times12+96=$

4 $109-18\times5=$

5 $36-72\div9-17=$

6 $67-4\times12-54\div6=$

7 $59+11\times6\div33+39=$

9 문제 중 ___ 문제 맞았어!

8 $98 + \{6 \times (89 - 17) \div 3\}$　　**9** $34 + \{(56 - 32) \div 4 - 5\}$

 ## 어제의 기록

어제했던 시간을 표시해봐요!

쿨쿨 잠자기	시	분
열심히 공부하기	시간	분
즐겁게 책읽기	시간	분
잼있게 놀기	시간	분

오전　　오후

7 8 9 10 11 12 1 2 3 4 5 6 7 8 9 10

오늘의 준비

오늘의 할일을 적어봐요!

일어난 시간	시	분	날씨	☀	⛅	🌧	⛄
숙제							
공부							
준비물							
오늘꼭! 할일							

45 혼합계산(연습7)

아래 수식을 풀어서 값을 적으세요

1 $39 + 21 - 32 =$

2 $14 \times 9 \div 7 =$

3 $21 \times (64 \div 8) =$

4 $18 - (18 \div 9) =$

5 $23 - 21 \div 3 + 16 =$

6 $32 - 4 \times 5 - 36 \div 6 =$

7 $(50 - 8) \times 3 \div 14 + 24 =$

8 $12 \times \{10 \times (44-19) \div 5\} \div 25 + \{(26-11) \div 5 - 2\}$

 **어제의 기록**

어제했던 시간을 표시해봐요!

쿨쿨 잠자기	시	분
열심히 공부하기	시간	분
즐겁게 책읽기	시간	분
잼있게 놀기	시간	분

 **오늘의 준비**

오늘의 할일을 적어봐요!

일어난 시간	시	분	날씨	
숙제				
공부				
준비물				
오늘 꼭! 할일				

46 분수

□에 적당한 수를 적고 ○에 부등호를 적으세요.

1 2의 $\dfrac{1}{2}$ 은 □ 입니다.

2 3의 $\dfrac{1}{3}$ 은 □ 입니다.

3 10의 $\dfrac{3}{10}$ 은 □ 입니다.

4 1은 2의 $\dfrac{□}{□}$ 입니다.

5 3은 4의 $\dfrac{□}{□}$ 입니다.

6 4는 36의 $\dfrac{□}{□}$ 입니다.

7 $\dfrac{1}{2} = \dfrac{□}{4} = \dfrac{□}{6}$

8 $\dfrac{1}{3} = \dfrac{□}{6} = \dfrac{□}{9}$

9 $\dfrac{2}{3} = \dfrac{□}{6} = \dfrac{□}{9}$

10 $\dfrac{1}{5}$ ○ $\dfrac{1}{6}$

11 $\dfrac{1}{4}$ ○ $\dfrac{3}{4}$

12 $\dfrac{5}{6}$ ○ $\dfrac{1}{2}$

18 문제 중 ⬜ 문제 맞았어!

13 9의 $\dfrac{1}{3}$ 은 ☐ 입니다.

16 3은 9의 $\dfrac{\ }{\ }$ 입니다.

14 8의 $\dfrac{3}{4}$ 은 ☐ 입니다.

17 5는 25의 $\dfrac{\ }{\ }$ 입니다.

15 24의 $\dfrac{5}{6}$ 는 ☐ 입니다.

18 6은 36의 $\dfrac{\ }{\ }$ 입니다.

어제의 기록

어제했던 시간을 표시해봐요!

쿨쿨 잠자기	시	분
열심히 공부하기	시간	분
즐겁게 책읽기	시간	분
잼있게 놀기	시간	분

오전　오후

7 8 9 10 11 12 1 2 3 4 5 6 7 8 9 10

오늘의 준비

오늘의 할일을 적어봐요!

일어난 시간	시	분	날 씨	☀	⛅	🌧	⛄
숙 제							
공 부							
준비물							
오늘 꼭! 할일							

47 분수의 이름

진분수, 가분수, 대분수

분자가 분모보다 작으면 진분수라고 합니다. (1보다 작은 분수)

분자가 분모보다 큰 분수를 가분수라고 합니다. (1보다 크거나 같은 분수)

자연수와 진분수로 이루어진 분수를 대분수라고 합니다. (자연수와 진분수가 같이 있는 분수)

진분수	$\dfrac{3}{4}$	$\dfrac{1}{3}$	$\dfrac{5}{6}$

가분수	$\dfrac{5}{4}$	$\dfrac{7}{3}$	$\dfrac{6}{6}$

대분수	$1\dfrac{1}{4}$	$2\dfrac{2}{3}$	$6\dfrac{1}{6}$

( ) 안에 적당한 말이나 분수를 적으세요.

1 분수의 값이 1보다 작으면 (   )분수라고 하고,

1보다 같거나 크면 (   )분수라고 하고,

1보다 작은 분수가 자연수와 같이 있으면 (   )분수라고 합니다.

2,3,4번 (보기)	$\dfrac{3}{4}$	$1\dfrac{5}{6}$	$\dfrac{7}{9}$	$\dfrac{7}{5}$	$2\dfrac{3}{4}$	$\dfrac{8}{7}$	$8\dfrac{1}{2}$

2 위 보기에서 가분수인것은 ? (   )

3 위 보기에서 진분수인것은 ? (   )

4 위 보기에서 대분수인것은 ? (   )

5 분모가 5인 진분수를 모두 쓰세요.

(   )

14 문제 중 문제 맞았어 !

※ 분수의 이름을 (   )안에 적으세요

6 $\dfrac{3}{2}$ (   ) **9** $2\dfrac{1}{2}$ (   ) **12** $\dfrac{7}{6}$ (   )

7 $\dfrac{7}{9}$ (   ) **10** $\dfrac{3}{8}$ (   ) **13** $1\dfrac{5}{7}$ (   )

8 $\dfrac{2}{5}$ (   ) **11** $5\dfrac{3}{10}$ (   ) **14** $\dfrac{9}{7}$ (   )

 ### 어제의 기록

어제했던 시간을 표시해봐요!

쿨쿨 잠자기	시	분
열심히 공부하기	시간	분
즐겁게 책읽기	시간	분
잼있게 놀기	시간	분

오늘의 준비

오늘의 할일을 적어봐요!

일어난 시간	시	분	날씨	☀	⛅	🌧	⛄
숙제							
공부							
준비물							
오늘 꼭! 할일							

48 대분수와 가분수

$\dfrac{7}{4}$ 를 대분수로 바꾸기

$7 \div 4$를 계산하면 몫 1, 나머지 3입니다.

몫 ➡ 자연수　　나머지 ➡ 분자

분모는 변화가 없습니다.

분자 7 ÷ 분모 4 = 몫 1 나머지 3

$$\dfrac{7}{4} = 1\dfrac{3}{4}$$

$1\dfrac{3}{5}$ 을 가분수로 바꾸기

분모는 변화가 없습니다.

분자는 분모×자연수＋분자가 됩니다.

분모5 × 자연수1 ＋ 분자3 = 8

$$1\dfrac{3}{5} = \dfrac{8}{5}$$

가분수는 대분수로, 대분수는 가분수로 만드세요.

1 $\dfrac{3}{2} =$

2 $\dfrac{4}{3} =$

3 $\dfrac{7}{5} =$

4 $\dfrac{11}{3} =$

5 $\dfrac{19}{4} =$

6 $2\dfrac{1}{2} =$

7 $2\dfrac{2}{3} =$

8 $3\dfrac{4}{5} =$

9 $3\dfrac{5}{7} =$

10 $4\dfrac{2}{9} =$

11 $\dfrac{5}{4} =$　　　　　**15** $1\dfrac{3}{11} =$

12 $\dfrac{16}{5} =$　　　　　**16** $2\dfrac{3}{8} =$

13 $\dfrac{9}{2} =$　　　　　**17** $2\dfrac{2}{13} =$

14 $\dfrac{41}{6} =$　　　　　**18** $3\dfrac{1}{6} =$

 어제의 기록

어제했던 시간을 표시해봐요!

쿨쿨 잠자기	시	분
열심히 공부하기	시간	분
즐겁게 책읽기	시간	분
잼있게 놀기	시간	분

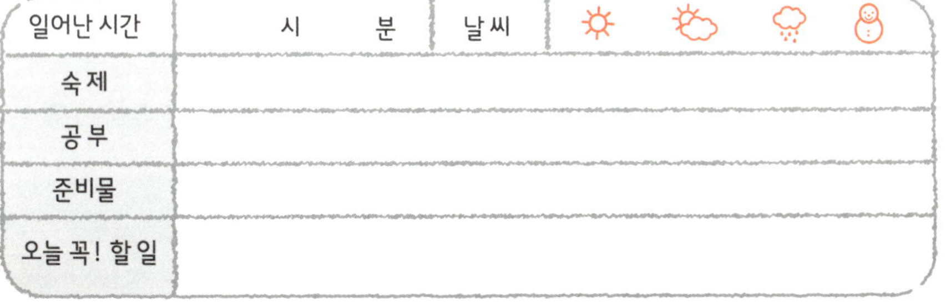

 오늘의 준비

오늘의 할일을 적어봐요!

일어난 시간	시	분	날씨	☀	⛅	🌧	⛄
숙제							
공부							
준비물							
오늘 꼭! 할일							

49 진분수의 크기

소리내 읽기

$\frac{3}{4}$ 은 $\frac{1}{2}$ 보다 더 큰 수 입니다.

1에 더 가까운 수가 더 큰 수 입니다.
분모가 같을때는 분자가 큰 수가 큰 수입니다.
분자가 같을때는 분모가 작은 수가 큰 수입니다.

소리내 풀기

밑의 그림을 보고 크기를 비교하여 >, <를 알맞게 써 넣으세요.

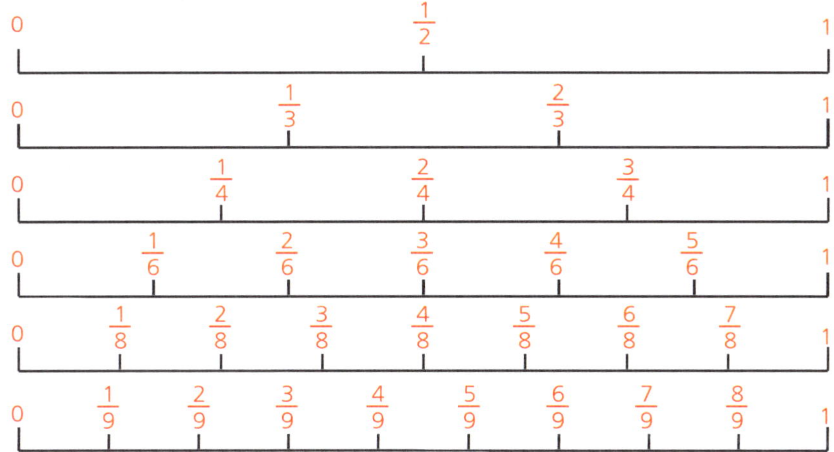

1 $\frac{1}{2} \bigcirc \frac{1}{3}$

3 $\frac{2}{9} \bigcirc \frac{5}{9}$

5 $\frac{2}{9} \bigcirc \frac{1}{8}$

2 $\frac{1}{4} \bigcirc \frac{1}{3}$

4 $\frac{5}{6} \bigcirc \frac{1}{6}$

6 $\frac{3}{4} \bigcirc \frac{2}{3}$

7 $\frac{2}{4} \bigcirc \frac{2}{8}$

10 $\frac{2}{3} \bigcirc \frac{1}{3}$

13 $\frac{6}{9} \bigcirc \frac{1}{8}$

8 $\frac{3}{6} \bigcirc \frac{3}{4}$

11 $\frac{3}{4} \bigcirc \frac{1}{4}$

14 $\frac{3}{4} \bigcirc \frac{2}{3}$

9 $\frac{6}{8} \bigcirc \frac{6}{9}$

12 $\frac{2}{9} \bigcirc \frac{5}{9}$

15 $\frac{2}{9} \bigcirc \frac{1}{4}$

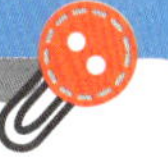

어제의 기록

어제했던 시간을 표시해봐요!

쿨쿨 잠자기	시	분
열심히 공부하기	시간	분
즐겁게 책읽기	시간	분
잼있게 놀기	시간	분

오전 오후

7 8 9 10 11 12 1 2 3 4 5 6 7 8 9 10

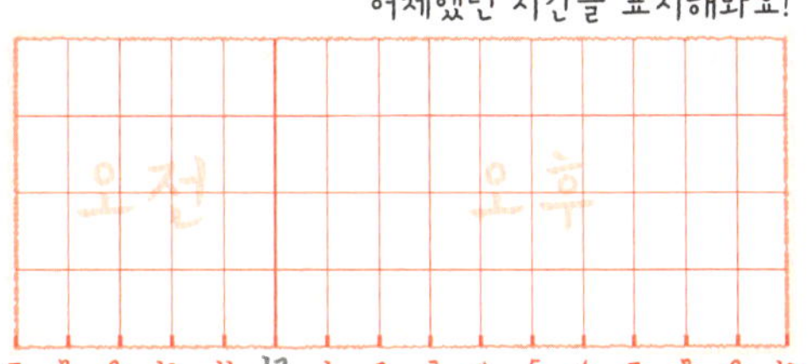

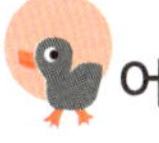

오늘의 준비

오늘의 할일을 적어봐요!

일어난 시간	시 분	날씨	
숙 제			
공 부			
준비물			
오늘 꼭! 할 일			

월   일
분   초

가분수의 크기

분모가 같은 가분수는 분자가 큰 분수가 더 큽니다. $\dfrac{9}{4} > \dfrac{8}{4}$

분자가 같은 가분수는 분모가 작은 분수가 더 큽니다. $\dfrac{7}{4} < \dfrac{7}{3}$

대분수의 크기

자연수 부분이 다르면 자연수 부분이 큰 분수가 더 큽니다. $2\dfrac{1}{4} > 1\dfrac{3}{4}$

자연수가 같으면 진분수의 크기가 큰 분수가 큽니다. $2\dfrac{1}{3} < 2\dfrac{3}{4}$

더 큰 수를 찾아 ◯ 안에 >,< (부등호)를 알맞게 써 넣으세요.

1 $\dfrac{3}{2} \bigcirc \dfrac{5}{2}$

2 $\dfrac{10}{3} \bigcirc \dfrac{7}{3}$

3 $\dfrac{7}{5} \bigcirc \dfrac{7}{4}$

4 $\dfrac{11}{3} \bigcirc \dfrac{11}{6}$

5 $\dfrac{19}{4} \bigcirc \dfrac{19}{7}$

6 $2\dfrac{1}{2} \bigcirc 3\dfrac{1}{2}$

7 $4\dfrac{1}{3} \bigcirc 2\dfrac{2}{3}$

8 $5\dfrac{4}{5} \bigcirc 5\dfrac{1}{2}$

9 $2\dfrac{5}{7} \bigcirc 2\dfrac{1}{2}$

10 $4\dfrac{2}{9} \bigcirc 4\dfrac{1}{2}$

13 문제 중 ◯ 문제 맞았다!

11 $\dfrac{11}{5}$ ◯ $\dfrac{16}{5}$　　　**12** $\dfrac{17}{15}$ ◯ $\dfrac{17}{11}$　　　**13** $\dfrac{10}{9}$ ◯ $\dfrac{10}{8}$

 어제의 기록

오제했던 시간을 표시해봐요!

쿨쿨 잠자기	시	분
열심히 공부하기	시간	분
즐겁게 책읽기	시간	분
잼있게 놀기	시간	분

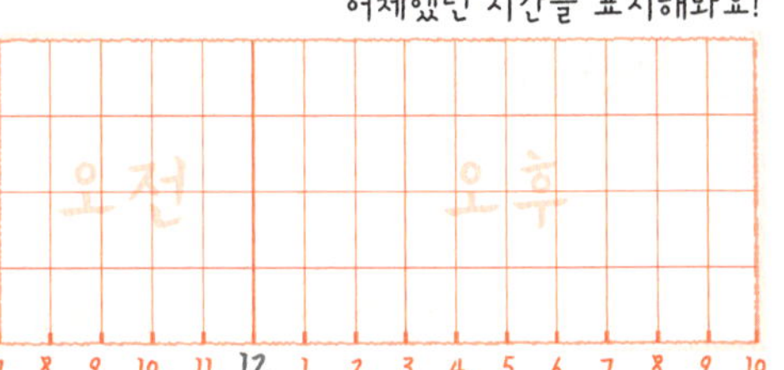

오늘의 준비

오늘의 할일을 적어봐요!

일어난 시간	시	분	날 씨	☀ ⛅ 🌧 ⛄
숙 제				
공 부				
준비물				
오늘 꼭! 할일				

오늘의 나와 가장 가까운 답에 O표 하세요!

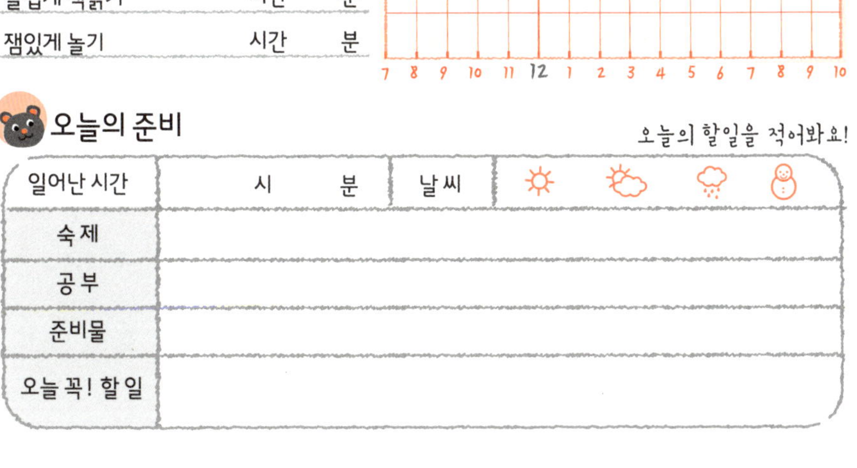

- ✦ 오늘의 기분은 어때요?　　☐ 좋아요.　☐ 나빠요.　☐ 그냥 그래요.
- ✦ 아침밥을 먹었나요?　　☐ 네.　☐ 아니요.
- ✦ 친구하고 사이좋게 지내고 있나요?　　☐ 네.　☐ 아니요.
- ✦ 오늘도 힘찬 하루를 보낼 준비 됐나요?　　☐ 네.　☐ 아니요.
- ✦ 오늘은 ☐ 즐거울거　☐ 슬플거　☐ 기타(　　) 같아요!

51 분수를 소수로 바꾸기

소리내
읽기

$\frac{1}{10}$ 은 소수로 0.1(영점일)입니다.

$\frac{1}{10}$ 은 1을 10등분한 것의 1칸입니다.
0.1이라쓰고, 영점일이라고 읽습니다.

$\frac{1}{10} = 0.1$
영 점 일

$\frac{13}{10} = 1.3$
일 점 삼

$\frac{1}{100}$ 은 소수로 0.01(영점영일)입니다.

$\frac{1}{100}$ 은 1을 100등분한 것의 1칸입니다.
0.01이라쓰고, 영점영일이라고 읽습니다.

$\frac{1}{100} = 0.01$
영 점 영 일

$\frac{203}{100} = 2.03$
이 점 영 삼

소리내
풀기

분수는 소수로, 분수는 소수로 나타내고 읽어보세요.

1 $\frac{3}{10}$ 쓰기 (   ) 읽기 (   )

5 $\frac{3}{100}$ 쓰기 (   ) 읽기 (   )

2 $\frac{13}{10}$ 쓰기 (   ) 읽기 (   )

6 $\frac{13}{100}$ 쓰기 (   ) 읽기 (   )

3 $\frac{4}{10}$ 쓰기 (   ) 읽기 (   )

7 $\frac{324}{100}$ 쓰기 (   ) 읽기 (   )

4 $\frac{24}{10}$ 쓰기 (   ) 읽기 (   )

8 $\frac{504}{100}$ 쓰기 (   ) 읽기 (   )

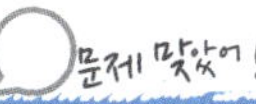
14 문제 중 ◯문제 맞았어!

9 $\dfrac{311}{10}$ 쓰기 (　　　　　)　읽기 (　　　　　)

10 $\dfrac{301}{10}$ 쓰기 (　　　　　)　읽기 (　　　　　)

11 $\dfrac{1001}{10}$ 쓰기 (　　　　　)　읽기 (　　　　　)

12 $\dfrac{1311}{100}$ 쓰기 (　　　　　)　읽기 (　　　　　)

13 $\dfrac{1301}{100}$ 쓰기 (　　　　　)　읽기 (　　　　　)

14 $\dfrac{3004}{100}$ 쓰기 (　　　　　)　읽기 (　　　　　)

 어제의 기록

어제했던 시간을 표시해봐요!

쿨쿨 잠자기	시	분
열심히 공부하기	시간	분
즐겁게 책읽기	시간	분
잼있게 놀기	시간	분

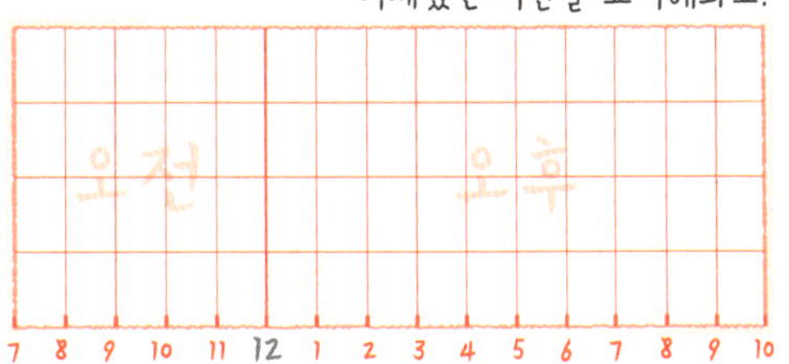

오늘의 준비

오늘의 할일을 적어봐요!

일어난 시간	시	분	날 씨				
숙 제							
공 부							
준비물							
오늘 꼭! 할 일							

52 소수의 이해

0.3은 0.1이 3개 있는 수입니다.
1.3은 0.1이 13개인 수이고,
0.1이 12개 있으면 1.2입니다.

1이　3개 : 3
0.1이 2개 : 0.2　인 수는 3.2

0.05는 0.01이 5개 있는 수입니다.
2.13은 0.01이 213개 있는 수이고,
0.01이 13개이면 0.13입니다.

1이　3개 : 3
0.1이　2개 : 0.2
0.01이 1개 : 0.01　인 수는 3.21

☐ 안에 알맞은 수를 넣으세요.

1 0.1은 0.1이 ＿＿＿ 개인 수

2 2.3은 0.1이 ＿＿＿ 개인 수

3 0.1이 13개면 ＿＿＿

4 0.1은 23개면 ＿＿＿

5 3.4는 0.1이 ＿＿＿ 개,
1이 ＿＿＿ 개인 수

6 0.01은 0.01이 ＿＿＿ 개인 수

7 2.03은 0.01이 ＿＿＿ 개인 수

8 0.01이 13개면 ＿＿＿

9 3.14는 0.01이 ＿＿＿ 개,
0.1이 ＿＿＿ 개
1이 ＿＿＿ 개인 수

13 문제 중 ＿＿ 문제 맞았어!

10 4.28은 0.01이 ＿＿＿ 개,
0.1이 ＿＿＿ 개
1이 ＿＿＿ 개인 수

11 8.72는 0.01이 ＿＿＿ 개,
0.1이 ＿＿＿ 개
1이 ＿＿＿ 개인 수

12 10.06은 0.01이 ＿＿＿ 개,
0.1이 ＿＿＿ 개
1이 ＿＿＿ 개인 수

13 12.63은 0.01이 ＿＿＿ 개,
0.1이 ＿＿＿ 개
1이 ＿＿＿ 개인 수

 어제의 기록

어제했던 시간을 표시해봐요!

쿨쿨 잠자기	시	분
열심히 공부하기	시간	분
즐겁게 책읽기	시간	분
잼있게 놀기	시간	분

오전 　 오후

7 8 9 10 11 12 1 2 3 4 5 6 7 8 9 10

오늘의 준비

오늘의 할일을 적어봐요!

일어난 시간	시	분	날씨	☀ ⛅ 🌧 ⛄
숙제				
공부				
준비물				
오늘 꼭! 할일				

53 영점영영일 0.001

소리내 읽기

$\frac{1}{1000}$ 은 소수로 0.001(영점영영일)

$\frac{1}{1000}$ 은 1을 1000등분 한것의 1칸입니다.
0.001이라 쓰고 영점영영일로 읽습니다.

$$\frac{1}{1000} = 0.001 \qquad \frac{2013}{1000} = 2.013$$
영점영영일 · · · · 이점영일삼

0.005는 0.001이 5개 있는 수입니다.
2.135는 0.001이 2135개 있는 수이고,
0.001이 215개이면 0.215입니다.

0.01이 2개 인수는 0.02

0.001이 21개 인수는 0.021

0.001이 2135개 인수는 2.135

소리내 풀기

알맞은 수나 글을 적으세요.

1 $\frac{3}{1000}$ 쓰기 (   )

읽기 (   )

2 $\frac{13}{1000}$ 쓰기 (   )

읽기 (   )

3 $\frac{324}{1000}$ 쓰기 (   )

읽기 (   )

4 $\frac{4504}{1000}$ 쓰기 (   )

읽기 (   )

5 0.001은 0.001이 _______ 개

6 0.103은 0.001이 _______ 개

7 0.001이 3124개면 _______

8 3.124는 0.001이 _______ 개,

0.01이 _______ 개

0.1이 _______ 개

1이 _______ 개 인 수

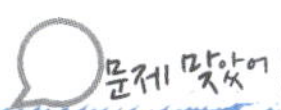

9 0.009는 0.001이 ______ 개

10 0.704는 0.001이 ______ 개

11 0.001이 6024개면 ______ 입니다.

12 6.139는 0.001이 ______ 개, 0.01이 ______ 개

0.1이 ______ 개, 1이 ______ 개 인 수

 어제의 기록

어제했던 시간을 표시해봐요!

쿨쿨 잠자기	시	분
열심히 공부하기	시간	분
즐겁게 책읽기	시간	분
잼있게 놀기	시간	분

오전 / 오후

7 8 9 10 11 12 1 2 3 4 5 6 7 8 9 10

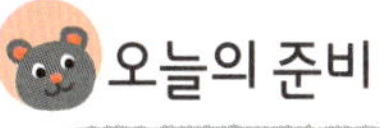 오늘의 준비

오늘의 할일을 적어봐요!

일어난 시간	시	분	날씨				
숙제							
공부							
준비물							
오늘 꼭! 할일							

54 cm, m, km의 관계

1 cm = 0.01 m 입니다.

100cm = 1 m

$$1cm = \frac{1}{100} m = 0.01m$$

$$26cm = \frac{26}{100} m = 0.26m$$

1 m = 0.001 km 입니다.

1000m = 1 km

$$1m = \frac{1}{1000} km = 0.001km$$

$$256m = \frac{256}{1000} km = 0.256km$$

알맞은 수를 소수로 적으세요.

1 5 cm = _______ m

2 9 cm = _______ m

3 12 cm = _______ m

4 24 cm = _______ m

5 204 cm = _______ m

6 5 m = _______ km

7 9 m = _______ km

8 12 m = _______ km

9 204 m = _______ km

10 312 m = _______ km

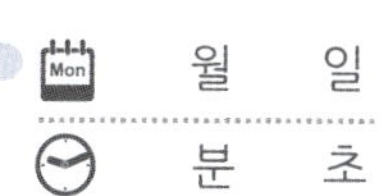

14 문제 중 ◯ 문제 맞았어!

11 106cm = ______ m   **13** 2004 m = ______ km

12 1006 cm = ______ m   **14** 20004 m = ______ km

어제의 기록

어제했던 시간을 표시해봐요!

쿨쿨 잠자기	시	분
열심히 공부하기	시간	분
즐겁게 책읽기	시간	분
잼있게 놀기	시간	분

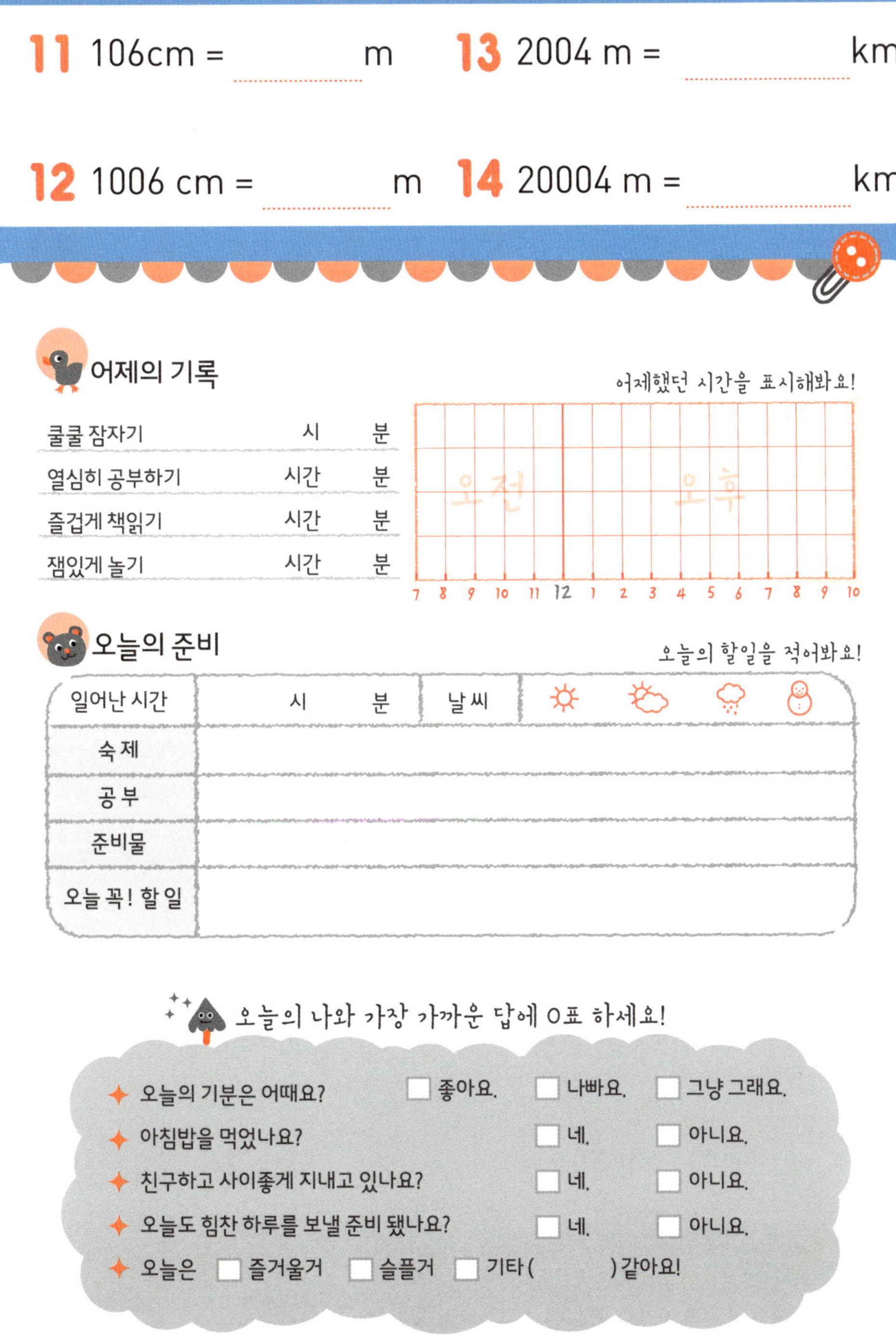

오늘의 준비

오늘의 할일을 적어봐요!

일어난 시간	시	분	날씨				
숙제							
공부							
준비물							
오늘 꼭! 할일							

오늘의 나와 가장 가까운 답에 O표 하세요!

◆ 오늘의 기분은 어때요?   ☐ 좋아요.   ☐ 나빠요.   ☐ 그냥 그래요.

◆ 아침밥을 먹었나요?   ☐ 네.   ☐ 아니요.

◆ 친구하고 사이좋게 지내고 있나요?   ☐ 네.   ☐ 아니요.

◆ 오늘도 힘찬 하루를 보낼 준비 됐나요?   ☐ 네.   ☐ 아니요.

◆ 오늘은 ☐ 즐거울거   ☐ 슬플거   ☐ 기타( )같아요!

55 소수의 자릿수

소리내 읽기

1.234 (일점 이삼사)에서

1은 일의 자리 숫자이고 1을 나타냅니다.

2는 영점 일의 자리 숫자이고 0.2를 나타냅니다.

3은 영점 영일의 자리 숫자이고 0.03을 나타냅니다.

4는 영점 영영일의 자리 숫자이고 0.004를 나타냅니다.

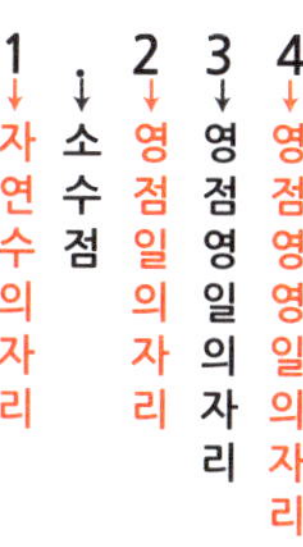

소리내 풀기

☐ 안에 알맞은 말이나 수를 적으세요.

1 0.437에서 7은 ____________ 의 자리 숫자이고 ____________ 을 나타냅니다.

2 2.273에서 7은 ____________ 의 자리 숫자이고 ____________ 을 나타냅니다.

3 3.712에서 7은 ____________ 의 자리 숫자이고 ____________ 을 나타냅니다.

4 7.504에서 7은 ____________ 의 자리 숫자이고 ____________ 을 나타냅니다.

5 71.002에서 7은 ____________ 의 자리 숫자이고 ____________ 을 나타냅니다.

8 문제 중 ◯ 문제 맞혔어!

6 6.139에서 1은 ____________ 의 자리 숫자이고 ____________ 을 나타냅니다.

7 10.273에서 1은 ____________ 의 자리 숫자이고 ____________ 을 나타냅니다.

8 11.712에서 2는 ____________ 의 자리 숫자이고 ____________ 을 나타냅니다.

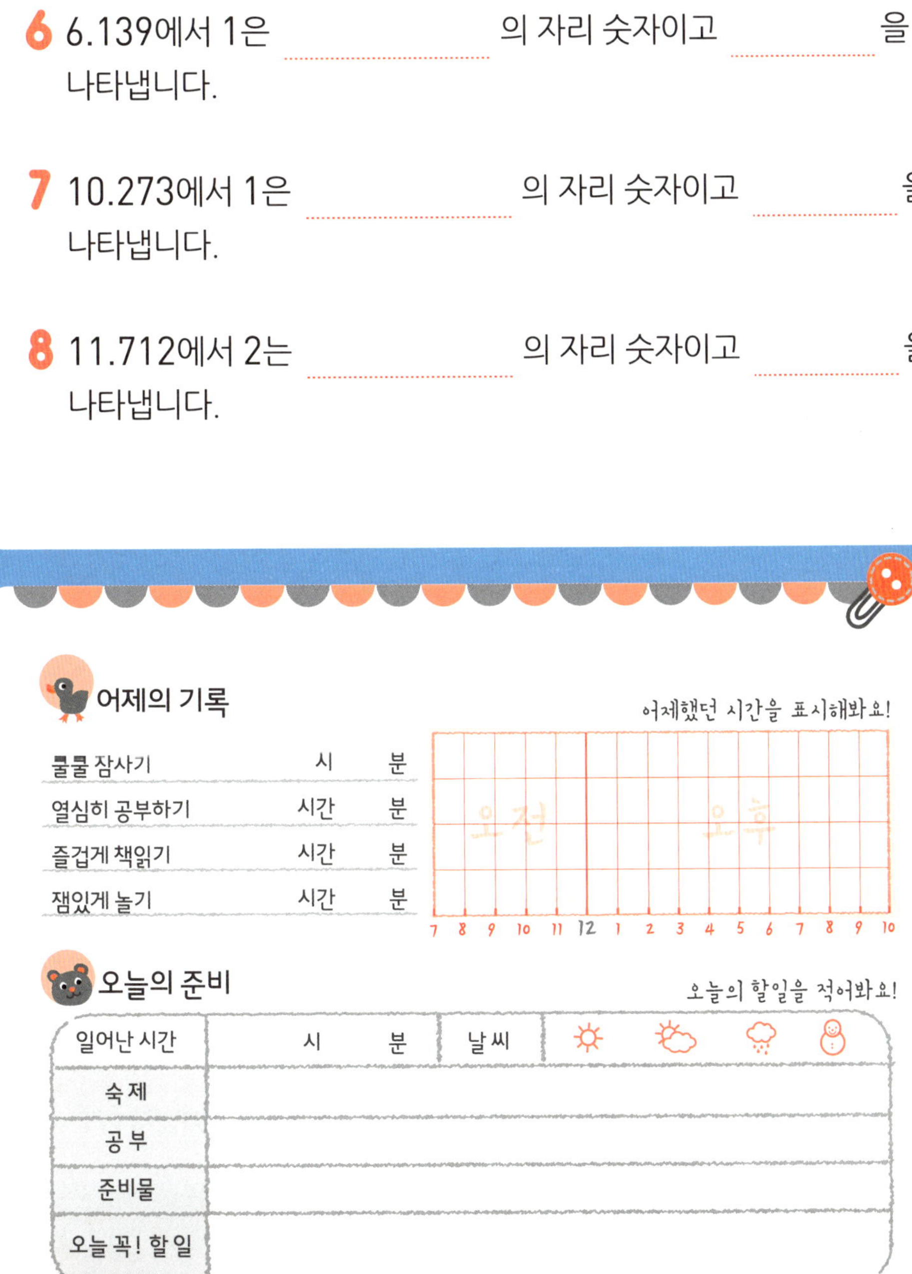

어제의 기록

어제했던 시간을 표시해봐요!

쿨쿨 잠자기	시	분
열심히 공부하기	시간	분
즐겁게 책읽기	시간	분
잼있게 놀기	시간	분

오늘의 준비

오늘의 할일을 적어봐요!

일어난 시간	시	분	날씨				
숙제							
공부							
준비물							
오늘 꼭! 할일							

56 소수의 관계

$\dfrac{1}{100}$ 의 $\dfrac{1}{10}$ 배는 $\dfrac{1}{1000}$ 입니다.

0.01의 0.1배는 0.001입니다.

$\dfrac{1}{10}$배가 되면 분모가 10배씩 커집니다.

$\dfrac{1}{10}$배는 소수점 왼쪽으로 1자리씩 옮겨집니다.

알맞은 수를 소수로 적으세요.

1 $\dfrac{1}{10}$ 의 $\dfrac{1}{10}$ 배 =

2 $\dfrac{3}{10}$ 의 $\dfrac{1}{10}$ 배 =

3 $\dfrac{3}{10}$ 의 $\dfrac{1}{100}$ 배 =

4 $\dfrac{23}{100}$의 $\dfrac{1}{10}$ 배 =

5 $\dfrac{23}{100}$의 0.01배 =

6 6의 0.1배 =

7 6의 0.01배 =

8 0.6의 $\dfrac{1}{10}$ 배 =

9 0.06의 $\dfrac{1}{100}$ 배 =

10 15의 0.01배 =

16문제 중 ◯문제 맞았어!

11 $\dfrac{1}{10}$ 의 0.1배 =

14 3.6의 0.1배 =

12 $\dfrac{3}{10}$ 의 0.01배 =

15 3.6의 0.01배 =

13 $\dfrac{31}{10}$ 의 0.1배 =

16 30.6의 $\dfrac{1}{10}$ 배 =

 어제의 기록

어제했던 시간을 표시해봐요!

쿨쿨 잠자기	시	분
열심히 공부하기	시간	분
즐겁게 책읽기	시간	분
잼있게 놀기	시간	분

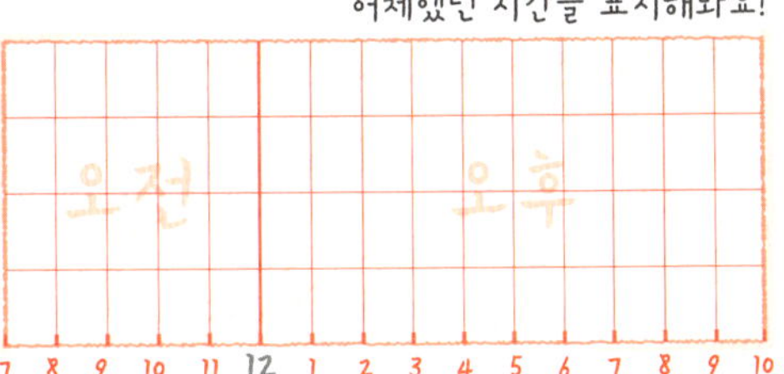

 오늘의 준비

오늘의 할일을 적어봐요!

일어난 시간	시	분	날씨				
숙제							
공부							
준비물							
오늘 꼭! 할일							

57 규칙찾기 (1)

수가 커지는 규칙을 찾아서 글로 적기

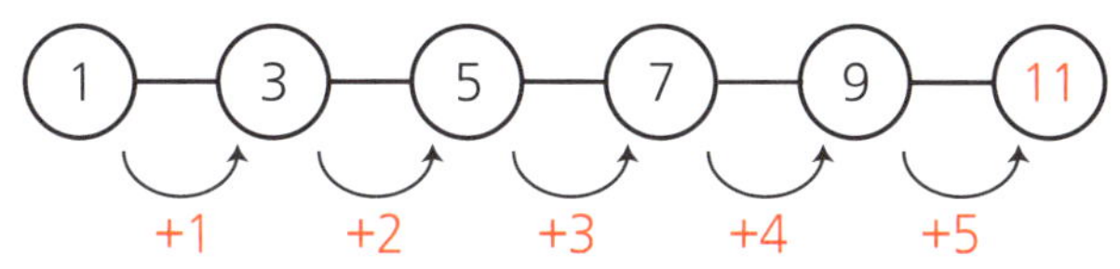

➡ 앞의 수에서 1,2,3,4,5씩 커지는 수를 쓰는 규칙입니다.

마지막에 들어갈 수를 찾아 적고, 규칙을 찾아 글로 적어보세요.

1 

➡ ....

2 

➡ ....

3 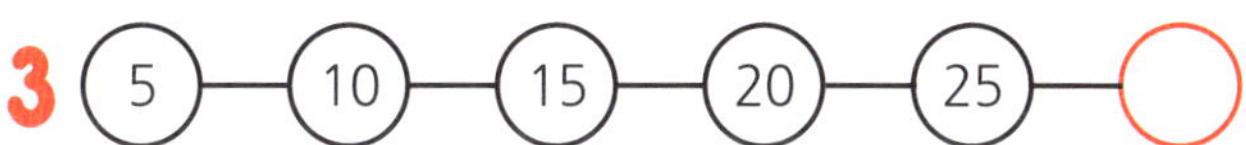

➡ ....

4 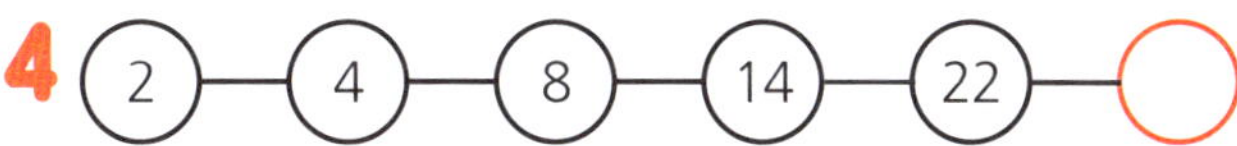

➡ ....

5 ① ② ④ ⑧ ⑯ ○

6 ② ③ ⑤ ⑧ ⑫ ○

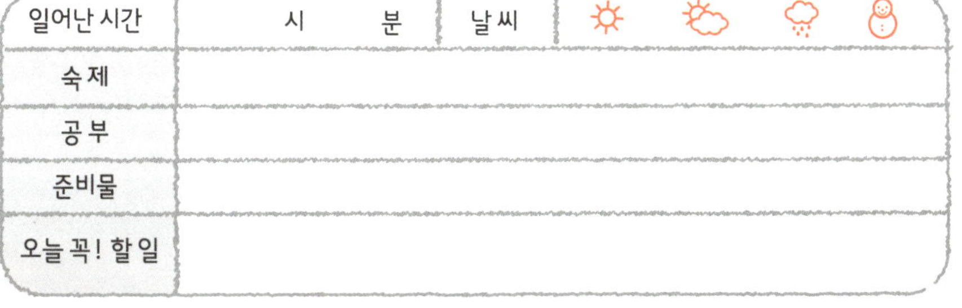

어제의 기록

어제했던 시간을 표시해봐요!

쿨쿨 잠자기	시	분
열심히 공부하기	시간	분
즐겁게 책읽기	시간	분
잼있게 놀기	시간	분

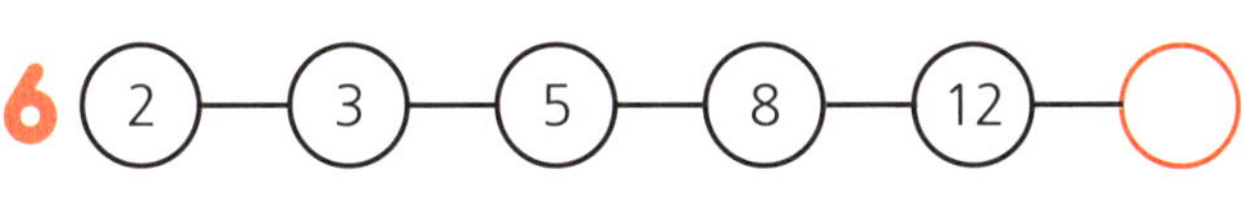

오늘의 준비

오늘의 할일을 적어봐요!

일어난 시간	시	분	날 씨				
숙 제							
공 부							
준비물							
오늘 꼭! 할일							

58 규칙찾기(2)

수가 커지는 규칙을 찾아서 글로 적기

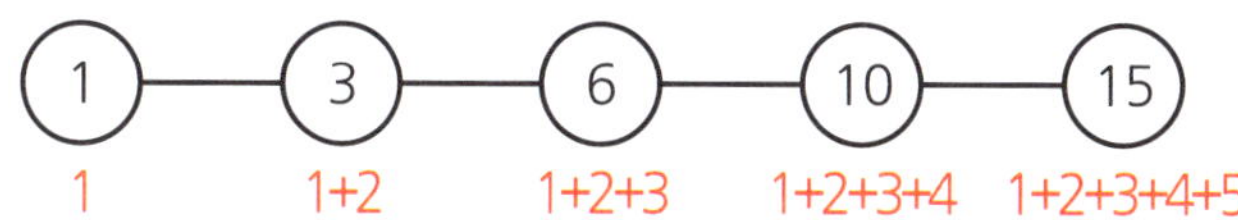

1	3	6	10	15
1	1+2	1+2+3	1+2+3+4	1+2+3+4+5

➡ 6번째 : 1+2+3+4+5+6   7번째 : 1+2+3+4+5+6+7

마지막에 들어갈 수를 찾아 식과 답을 적으세요

1 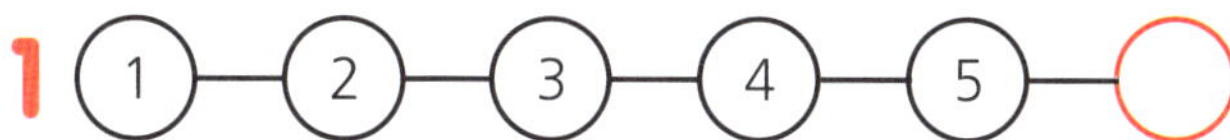

1 — 2 — 3 — 4 — 5 — ( )

(식)   (답)

2

2 — 4 — 6 — 8 — 10 — ( )

(식)   (답)

3 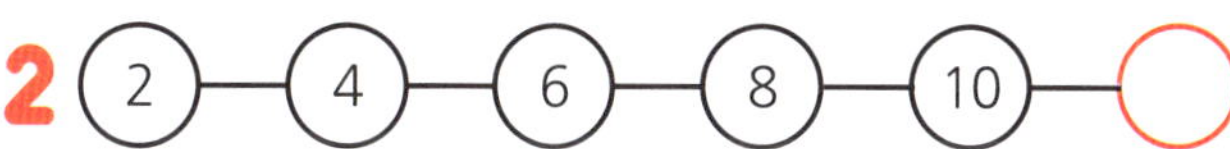

1 — 3 — 7 — 13 — 21 — ( )

(식)   (답)

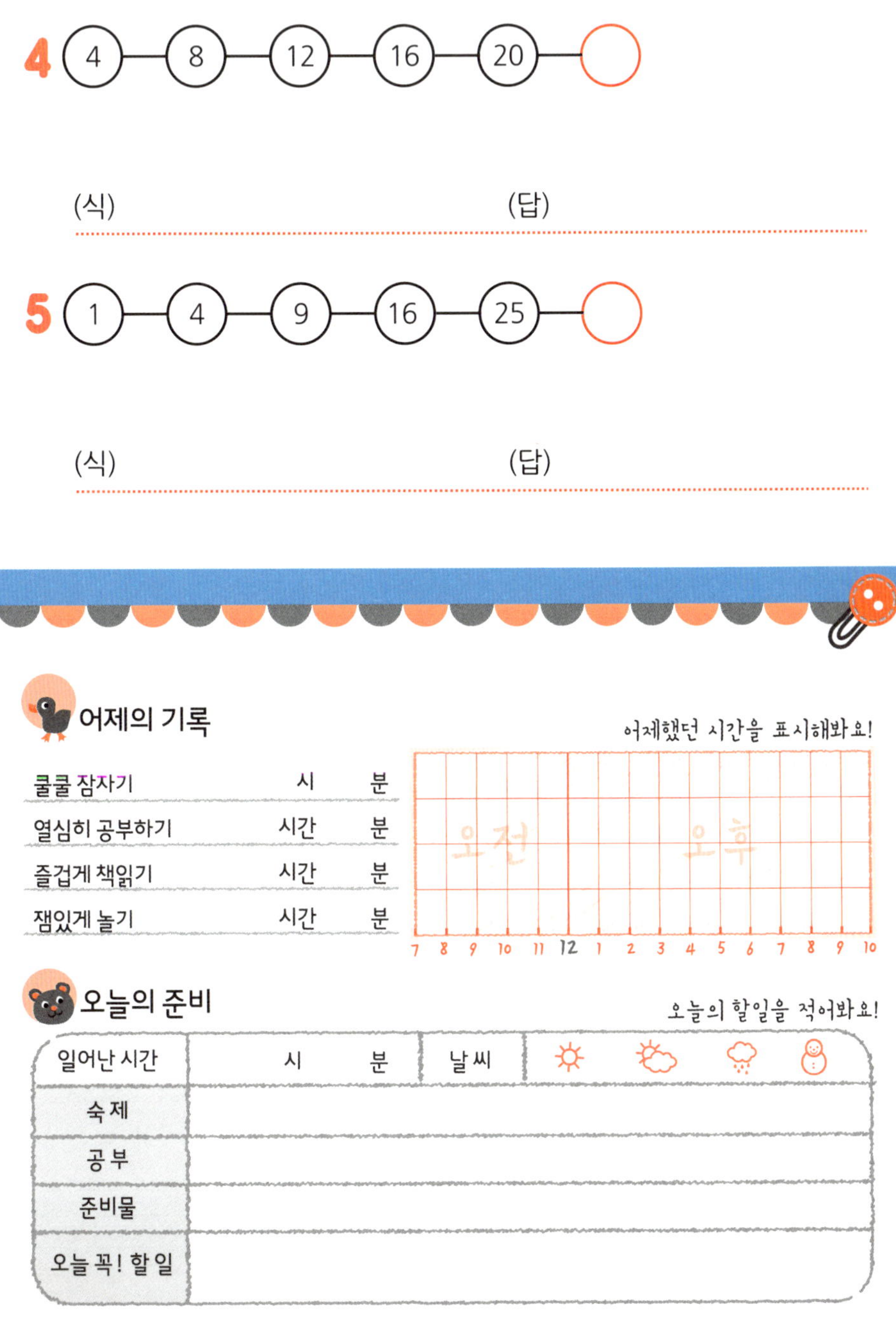

4 (4)—(8)—(12)—(16)—(20)—( )

(식)　　　　　　　　　　　(답)

5 (1)—(4)—(9)—(16)—(25)—( )

(식)　　　　　　　　　　　(답)

어제의 기록

어제했던 시간을 표시해봐요!

쿨쿨 잠자기	시	분
열심히 공부하기	시간	분
즐겁게 책읽기	시간	분
잼있게 놀기	시간	분

오늘의 준비

오늘의 할일을 적어봐요!

일어난 시간	시	분	날씨				
숙 제							
공 부							
준비물							
오늘꼭! 할일							

59 규칙찾기(3)

 **수가 커지는 규칙을 찾아서 글로 적기**

환 희	1	2	3	4	5
윤 희	3	4	5	6	7

+2

➡ 윤희의 규칙은 환희의 수에 2를 더하는 것입니다.

 **규칙을 찾아 글로 쓰고 빈칸에 알맞은 수를 써 넣으세요.**

1

상 윤	1	2	3	4	5
미 지	6	7	8		

➡ 미지의 규칙은

2

대 환	1	3	5	7	9
세 린	11	13	15		

➡ 세린의 규칙은

3

영 재	10	12	15	20	30
한 솔	16	18	21		

➡ 한솔의 규칙은

5 문제 중 ◯문제 맞았어!

4

윤 섭	4	6	8	10	12
윤 지	8	10	12		

➡ 윤지의 규칙은

5

지 환	6	9	12	15	18
지 혜	9	12	15		

➡ 지혜의 규칙은

 어제의 기록

어제했던 시간을 표시해봐요!

쿨쿨 잠자기	시	분
열심히 공부하기	시간	분
즐겁게 책읽기	시간	분
잼있게 놀기	시간	분

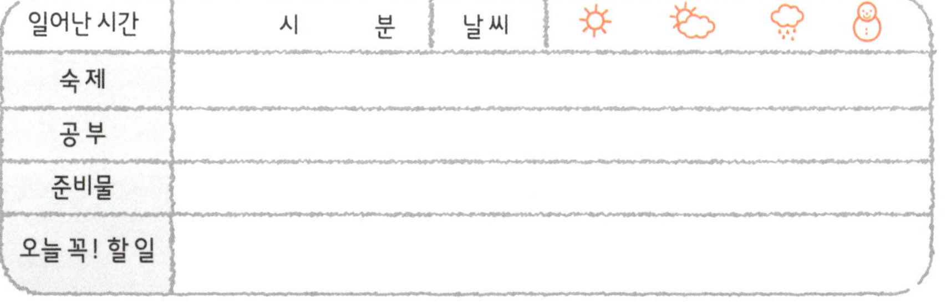

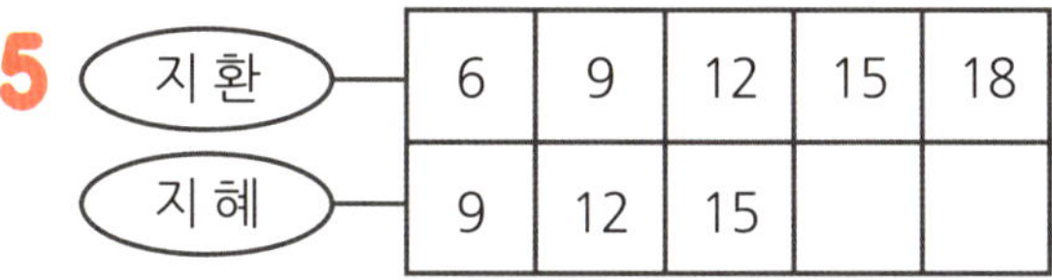 오늘의 준비

오늘의 할일을 적어봐요!

일어난 시간	시	분	날 씨				
숙 제							
공 부							
준비물							
오늘꼭! 할일							

60 규칙찾기(연습)

규칙을 찾아 글로 쓰고 빈칸에 알맞은 수를 써 넣으세요.

1 ① — ③ — ⑤ — ⑦ — ⑨ — ◯

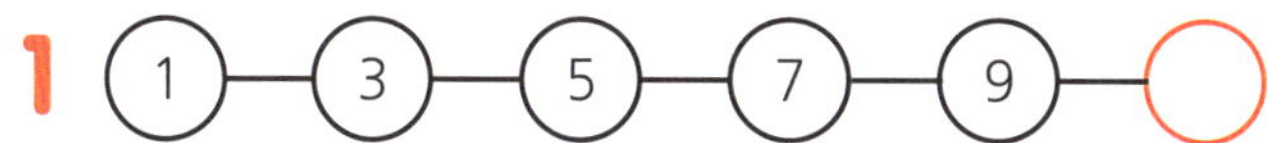

2 ⑩ — ⑳ — ㉚ — ㊵ — ㊿ — ◯

3

정 희	7	14	21	28	35
아 린	12	19	26		

➡ 아린의 규칙은

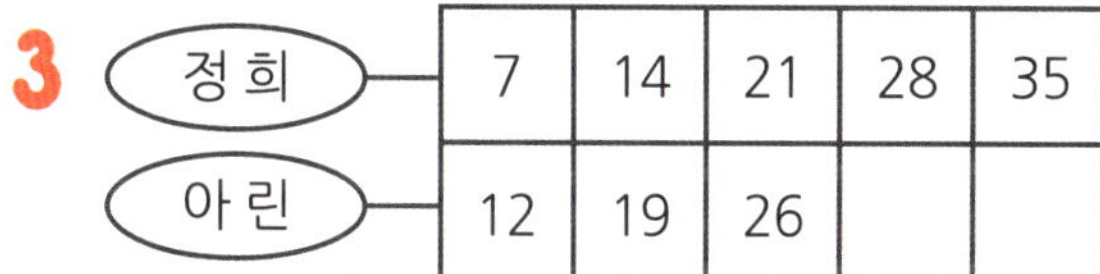

4

진 서	4	5	6	7	8
한 솔	7	8	9		

➡ 한솔의 규칙은

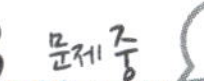

5 ② — ⑥ — ⑩ — ⑭ — ⑱ — ○

6 (진우) | 5 | 8 | 11 | 14 | 17 |

(서현) | 11 | 14 | 17 | | |

➡ 서현의 규칙은

 어제의 기록

어제했던 시간을 표시해봐요!

쿨쿨 잠자기	시	분
열심히 공부하기	시간	분
즐겁게 책읽기	시간	분
잼있게 놀기	시간	분

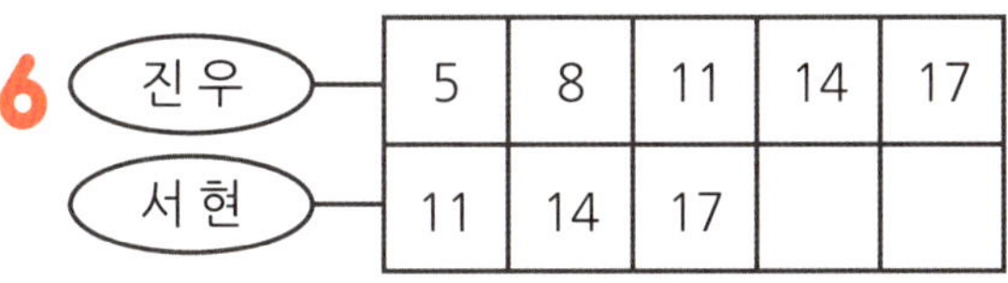

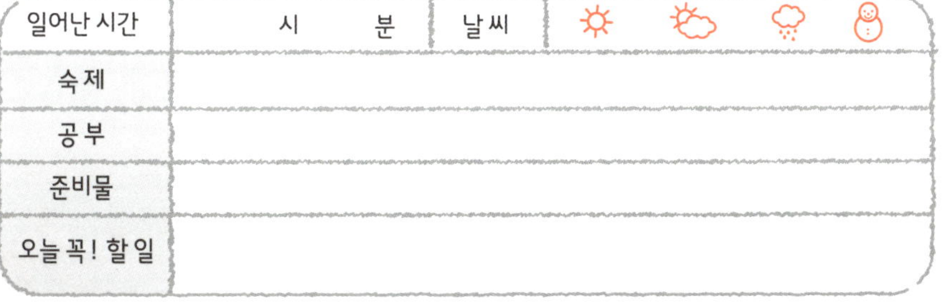 오늘의 준비

오늘의 할일을 적어봐요!

일어난 시간	시	분	날씨				
숙제							
공부							
준비물							
오늘 꼭! 할일							

월 일
분 초

아래를 계산해 보세요.

1
```
  2 1 3 9
×     1 6
```

4
```
  2 0 6 3
×     5 1
```

7
```
  1 5 7 4
×     3 7
```

2
```
  3 6 5 1
×     2 3
```

5
```
  2 3 6 7
×     3 0
```

8
```
  2 4 9 6
×     6 4
```

3
```
  5 1 6 3
×     3 2
```

6
```
  4 7 0 9
×     5 2
```

9
```
  5 3 7 6
×     7 8
```

9 문제 중 ◯ 문제 맞았어!

월 일
분 초

연습2 4자리수 × 2자리수

아래를 계산해 보세요.

1
```
  1 2 3 7
×     3 1
```

4
```
  5 9 6 8
×     4 7
```

7
```
  9 6 8 5
×     8 3
```

2
```
  2 7 4 6
×     5 0
```

5
```
  5 6 1 9
×     6 8
```

8
```
  1 0 8 2
×     2 5
```

3
```
  3 1 5 7
×     1 1
```

6
```
  3 9 6 1
×     4 5
```

9
```
  3 1 5 0
×     9 4
```

9 문제 중 　 문제 맞았어!

연습3 4자리수×2자리수

소리내 풀기

아래를 계산해 보세요.

1
```
   5 1 0 7
×      2 7
```

2
```
   1 7 6 8
×      3 2
```

3
```
   2 0 7 1
×      4 3
```

4
```
   3 7 4 2
×      5 4
```

5
```
   4 8 7 0
×      7 8
```

6
```
   6 2 5 1
×      9 6
```

7
```
   8 3 2 7
×      4 1
```

8
```
   3 5 1 6
×      1 7
```

9
```
   9 3 6 2
×      4 6
```

9 문제 중 ◯ 문제 맞았어!

연습4 3자리수 ÷ 2자리수

월 일
분 초

아래 나눗셈의 몫과 나머지를 구하세요.

1 $31 \overline{)265}$

4 $13 \overline{)876}$

7 $62 \overline{)826}$

2 $23 \overline{)353}$

5 $26 \overline{)564}$

8 $19 \overline{)754}$

3 $27 \overline{)196}$

6 $37 \overline{)922}$

9 $24 \overline{)632}$

9 문제 중 ◯ 문제 맞았기!

아래 나눗셈의 몫과 나머지를 구하세요.

1

$22 \overline{)891}$

4

$35 \overline{)912}$

7

$54 \overline{)289}$

2

$31 \overline{)709}$

5

$47 \overline{)716}$

8

$28 \overline{)618}$

3

$23 \overline{)812}$

6

$26 \overline{)684}$

9

$32 \overline{)879}$

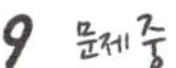
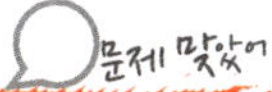

연습6 3자리수 ÷ 2자리수

월 일
분 초

아래 나눗셈의 몫과 나머지를 구하세요.

1 51) 465

4 26) 876

7 23) 517

2 27) 653

5 86) 613

8 73) 931

3 18) 496

6 53) 857

9 88) 986

9 문제 중 ◯ 문제 맞았어!

연습7 혼합계산(연습)

아래 수식을 풀어서 값을 적으세요

1 $54 + 19 - 48 + 12 =$

2 $18 \times 9 \div 6 =$

3 $12 \times 36 \div 4 + 19 =$

4 $56 - 13 \times 2 + 18 =$

5 $80 - 88 \div 4 + 36 =$

6 $72 - 4 \times 7 - 24 \div 8 =$

7 $55 - 8 \times 6 \div 12 + 12 =$

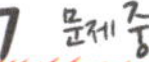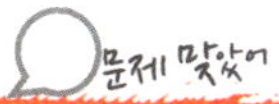

월 일
분 초

연습8 혼합계산(연습)

아래 수식을 풀어서 값을 적으세요

1 $\{10 \times (34-19) \div 5\} \div 5 + 2$

2 $200 - \{10 \times (15+5) \div (20 \div 5)\} \div 2$

3 $2 \times \{7 \times (24-19) \div 5\} + \{(26-11) \div (5-2)\} \div 5$

01 ① 1292500 ② 이백사십이만칠천백오십육 ③ 200만 ④ 271273 ⑤ 백만 ⑥ 3210 3824 ⑦ 천이백사십오만칠천사백십이 ⑧ 십만 ,400000 ⑨ 10000000,천만

02 ① 15000 ② 51000 ③ 77000 ④ 60000, 70000 ⑤ 33000,34000 ⑥ 31220,31240 ⑦ 31233,31236 ⑧ 48000,47000 ⑨ 28912,28812 ⑩ 18716,18696 ⑪ 46182,46179

03 ① 7만 ② 70만 ③ 700만 ④ 65만 ⑤ 73만 ⑥ 141만 ⑦ 3만 ⑧ 30만 ⑨ 300만 ⑩ 39만 ⑪ 19만 ⑫ 47만 ⑬ 33만 ⑭ 75만 ⑮ 41만 ⑯ 3만 ⑰ 44만 ⑱ 73만

04 ① 30060000 0000 ② 천이백억 ③ 200 00000000, 이백억 ④ 271273 00000000, 이십칠조천이백칠십삼억 ⑤ 1 ⑥ 42010029 32008020 ⑦ 오천이백오십일조 ⑧ 십조, 40 000000 0000 ⑨ 일조,100000000000

05 ① 23억 ② 51억 ③ 73억 ④ 60억,70억 ⑤ 37조,38조 ⑥ 1330조,1530조 ⑦ 2341조 ,2344조 ⑧ 480억,470억 ⑨ 289억,288억 ⑩ 8716조,8696조 ⑪ 6182조,6179조

06 ① 400,4 ② 3200,32000 ③ 8600,86 ④ 9600,96000 ⑤ 192000,1920000 ⑥ 17200,1720000 ⑦ 2880,2880 0000 ⑧ 4560,456000 ⑨ 936000,9 3600000

07 ① 4321,1234 ② 8642,2468 ③ 5210, 1025 ④ 43210,10234 ⑤ 98765,56789 ⑥ 765210,102567 ⑦ 6543,3456 ⑧ 9876 6789 ⑨ 8642,2468 ⑩ 76540,40567

08 ① 192 ② 300 ③ 900 ④ 480 ⑤ 1600 ⑥ 360 ⑦ 640 ⑧ 160 ⑨ 230 ⑩ 444 ⑪ 6000 ⑫ 1300 ⑬ 2400 ⑭ 1200 ⑮ 750 ⑯ 4950

09 ① 246 ② 1236 ③ 1260 ④ 3615 ⑤ 3126 ⑥ 1498 ⑦ 5776 ⑧ 2484 ⑨ 2776 ⑩ 1092 ⑪ 2172 ⑫ 3948 ⑬ 788 ⑭ 6872 ⑮ 6669

10 ① 2,2 ② 9,4 ③ 2,9 ④ 3,5 ⑤ 2,5 ⑥ 4,3 ⑦ 2,2 ⑧ 6,3 ⑨ 2,3 ⑩ 1,5 ⑪ 4,5,2 ⑫ 7,1

11 ① 7136 ② 22950 ③ 7825 ④ 34371 ⑤ 9061 ⑥ 28035 ⑦ 11648 ⑧ 8416 ⑨ 7905 ⑩ 5975 ⑪ 27782 ⑫ 10224

12 ① 5232 ② 19215 ③ 10105 ④ 22356 ⑤ 14049 ⑥ 37178 ⑦ 12532 ⑧ 28336 ⑨ 38988 ⑩ 11648 ⑪ 12098 ⑫ 7905 ⑬ 5975 ⑭ 27782 ⑮ 10224

13 ① 9801 ② 23180 ③ 9639 ④ 12792 ⑤ 28428 ⑥ 6624 ⑦ 27604 ⑧ 31562 ⑨ 40937 ⑩ 8192 ⑪ 25172 ⑫ 5525 ⑬ 13575 ⑭ 8062 ⑮ 34272

14 ① 2,5,7,6,4 ② 2,2,5,4,4 ③ 2,7,7,8,1 ④ 1,9,1,8,6 ⑤ 4,6,1,4,6 ⑥ 5,5,2,5,5

15 ① 71456 ② 227664 ③ 90625 ④ 389462 ⑤ 180224 ⑥ 216992 ⑦ 76000 ⑧ 144050 ⑨ 123072

16 ① 38688 ② 204456 ③ 242661 ④ 190647 ⑤ 147648 ⑥ 241802 ⑦ 65102 ⑧ 190864 ⑨ 451764 ⑩ 74547 ⑪ 533754 ⑫ 379904

17 ① 8058 ② 10472 ③ 12098 ④ 17172 ⑤ 15833 ⑥ 29115 ⑦ 11115 ⑧ 57494 ⑨ 51704 ⑩ 5040 ⑪ 14030 ⑫ 6137 ⑬ 15325 ⑭ 13688 ⑮ 28176

18
① 6858　② 5112　③ 23091　④ 14832
⑤ 31878　⑥ 19964　⑦ 31724　⑧ 66402
⑨ 75951　⑩ 8505　⑪ 41175　⑫ 23112
⑬ 26016　⑭ 13688　⑮ 21595

19
① 57753　② 116832　③ 222009　④ 111402
⑤ 184626　⑥ 452064　⑦ 64534　⑧ 42432
⑨ 247296　⑩ 216032　⑪ 335925
⑫ 576368

20
① 33399　② 87872　③ 135751　④ 322272
⑤ 438282　⑥ 380256　⑦ 397085　⑧ 18394
⑨ 144900　⑩ 87936　⑪ 225585　⑫ 409700

21
① 2　② 3　③ 3　④ 5　⑤ 2　⑥ 3　⑦ 2…10
⑧ 2…10　⑨ 3…30　⑩ 5…20　⑪ 5…10
⑫ 3…20　⑬ 6　⑭ 7　⑮ 5…40　⑯ 8…30

22
① 40×8+5=325　② 60×8+13=493
③ 30×9+26=296　④ 50×5+4=254
⑤ 50×7+12=362　⑥ 30×8+21=261
⑦ 30×5+25=175　⑧ 20×8+14=174

23
① 8…3　② 9…53　③ 7…2　④ 4…12
⑤ 8…46　⑥ 8…2　⑦ 5…12　⑧ 5…25
⑨ 4…47　⑩ 6…25　⑪ 9…1　⑫ 8…43
⑬ 9…45　⑭ 5…32　⑮ 4…7

24
① 23×4+3=95　② 34×2+11=79
③ 14×6+11=95　④ 19×4+0=76
⑤ 36×2+23=95　⑥ 27×2+25=79
⑦ 42×2+11=95　⑧ 27×2+22=76

25
① 3…20　② 2…20　③ 2…13　④ 2…10
⑤ 4…16　⑥ 4…3　⑦ 2…15　⑧ 2…23
⑨ 6…10　⑩ 4…9　⑪ 3…10　⑫ 2…25
⑬ 2…18　⑭ 2…8　⑮ 2…19

26
① 23×6+17=155　② 34×9+3=309
③ 18×6+7=115　④ 29×7+10=213
⑤ 32×8+20=276　⑥ 47×6+44=326
⑦ 63×6+47=425　⑧ 57×7+8=407

27
① 5…15　② 9…14　③ 9…9　④ 8…16
⑤ 7…25　⑥ 7…10　⑦ 7…48　⑧ 5…14
⑨ 9…15　⑩ 6…37　⑪ 8…13　⑫ 6…7
⑬ 4…37　⑭ 6…12　⑮ 7…34

28
① 23×16+1=369　② 34×26+8=892
③ 14×47+13=671　④ 29×26+9=763
⑤ 13×27+11=362　⑥ 24×30+15=735

29
① 21…3　② 21…2　③ 21…13　④ 25…1
⑤ 12…0　⑥ 35…12　⑦ 15…16　⑧ 26…26
⑨ 19…24　⑩ 16…31　⑪ 29…3　⑫ 34…16

30
① 21…2　② 29…0　③ 13…18　④ 20…14
⑤ 16…11　⑥ 15…32　⑦ 28…30　⑧ 15…34
⑨ 15…37　⑩ 25…7　⑪ 20…14　⑫ 31…10

31
① 15…21　② 19…1　③ 15…40　④ 20…26
⑤ 10…44　⑥ 14…20　⑦ 13…15　⑧ 10…14
⑨ 14…32　⑩ 18…26　⑪ 23…0　⑫ 33…0

32
① 57…0　② 46…20　③ 11…4　④ 22…16
⑤ 23…24　⑥ 29…12　⑦ 22…19　⑧ 21…18
⑨ 40…20　⑩ 20…1　⑪ 24…4　⑫ 76…0

33
① 80…5　② 20…33　③ 18…10　④ 19…11
⑤ 18…18　⑥ 27…20　⑦ 15…56　⑧ 30…14
⑨ 21…13　⑩ 43…9　⑪ 14…33　⑫ 52…1

34
① 28　② 16　③ 22　④ 18　⑤ 38　⑥ 51
⑦ 26　⑧ 44　⑨ 25　⑩ 23

35
① 12　② 42　③ 9　④ 132　⑤ 192　⑥ 60
⑦ 10　⑧ 56　⑨ 54　⑩ 35

36
① 144　② 11　③ 9　④ 33　⑤ 18　⑥ 48
⑦ 72　⑧ 8　⑨ 7　⑩ 10

37
① 27　② 37　③ 36　④ 3　⑤ 9　⑥ 34
⑦ 31　⑧ 43　⑨ 30　⑩ 41

38
① 48　② 3　③ 96　④ 99　⑤ 34

39 ① 26 ② 10 ③ 54 ④ 30 ⑤ 80 ⑥ 37 ⑦ 59 ⑧ 22

40 ① 16 ② 6 ③ 180 ④ 9 ⑤ 84 ⑥ 5 ⑦ 74 ⑧ 44

41 ① 17 ② 5 ③ 6 ④ 6 ⑤ 45 ⑥ 11 ⑦ 45 ⑧ 55

42 ① 66 ② 10 ③ 154 ④ 264 ⑤ 60 ⑥ 49 ⑦ 7 ⑧ 11 ⑨ 2

43 ① 71 ② 45 ③ 78 ④ 520 ⑤ 76 ⑥ 79 ⑦ 4 ⑧ 1

44 ① 38 ② 25 ③ 192 ④ 19 ⑤ 11 ⑥ 10 ⑦ 100 ⑧ 242 ⑨ 35

45 ① 28 ② 18 ③ 168 ④ 16 ⑤ 32 ⑥ 6 ⑦ 33 ⑧ 25

46 ① 1 ② 1 ③ 3 ④ $\frac{1}{2}$ ⑤ $\frac{3}{4}$ ⑥ $\frac{1}{9}\left(\frac{4}{36}\right)$
⑦ 2,3 ⑧ 2,3 ⑨ 4,6 ⑩ > ⑪ < ⑫ >
⑬ 3 ⑭ 6 ⑮ 20 ⑯ $\frac{1}{3}\left(\frac{3}{9}\right)$ ⑰ $\frac{1}{5}\left(\frac{5}{25}\right)$
⑱ $\frac{1}{6}\left(\frac{6}{36}\right)$

47 ① 진, 가, 대 ② $\frac{7}{5}$, $\frac{8}{7}$ ③ $\frac{3}{4}$, $\frac{7}{9}$
④ $1\frac{5}{6}$, $2\frac{3}{4}$, $8\frac{1}{2}$ ⑤ $\frac{1}{5}$, $\frac{2}{5}$, $\frac{3}{5}$, $\frac{4}{5}$

⑥ 가분수 ⑦ 진분수 ⑧ 진분수 ⑨ 대분수
⑩ 진분수 ⑪ 대분수 ⑫ 가분수 ⑬ 대분수
⑭ 가분수

48 ① $1\frac{1}{2}$ ② $1\frac{1}{3}$ ③ $1\frac{2}{5}$ ④ $3\frac{2}{3}$ ⑤ $4\frac{3}{4}$

⑥ $\frac{5}{2}$ ⑦ $\frac{8}{3}$ ⑧ $\frac{19}{5}$ ⑨ $\frac{26}{7}$ ⑩ $\frac{38}{9}$
⑪ $1\frac{1}{4}$ ⑫ $3\frac{1}{5}$ ⑬ $4\frac{1}{2}$ ⑭ $6\frac{5}{6}$ ⑮ $\frac{14}{11}$
⑯ $\frac{19}{8}$ ⑰ $\frac{28}{13}$ ⑱ $\frac{19}{6}$

49 ① > ② < ③ < ④ > ⑤ > ⑥ >
⑦ > ⑧ < ⑨ > ⑩ > ⑪ > ⑫ <
⑬ > ⑭ > ⑮ <

50 ① < ② > ③ < ④ > ⑤ > ⑥ <
⑦ > ⑧ > ⑨ > ⑩ < ⑪ < ⑫ <
⑬ <

51 ① 0.3 영점삼 ② 1.3 일점삼 ③ 0.4 영점사
④ 2.4 이점사 ⑤ 0.03 영점영삼
⑥ 0.13 영점일삼 ⑦ 3.24 삼점이사
⑧ 5.04 오점영사 ⑨ 31.1 삼십일점일
⑩ 30.1 삼십점일 ⑪ 100.1 일백점일
⑫ 13.11 십삼점일일 ⑬ 13.01 십삼점영일
⑭ 30.04 삼십점영사

52 ① 1 ② 23 ③ 1.3 ④ 2.3 ⑤ 4,3 ⑥ 1
⑦ 203 ⑧ 0.13 ⑨ 4,1,3 ⑩ 8,2,4
⑪ 2,7,8 ⑫ 6,0,10 ⑬ 3,6,12

53 ① 0.003 영점영영삼 ② 0.013 영점영일삼
③ 0.324 영점삼이사 ④ 4.504 사점오공사
⑤ 1 ⑥ 103 ⑦ 3.124 ⑧ 4,2,1,3 ⑨ 9
⑩ 704 ⑪ 6.024 ⑫ 9,3,1,6

54 ① 0.05 ② 0.09 ③ 0.12 ④ 0.24 ⑤ 2.04
⑥ 0.005 ⑦ 0.009 ⑧ 0.012 ⑨ 0.204
⑩ 0.312 ⑪ 1.06 ⑫ 10.06 ⑬ 2.004
⑭ 20.004

55 ① 영점영영일, 0.007 ② 영점영일 0.07
③ 영점일0.7 ④ 일 7 ⑤ 십 70 ⑥ 영점일 0.1
⑦ 십 10 ⑧ 영점영영일 0.002

56 ① $\frac{1}{100}$ ② $\frac{3}{100}$ ③ $\frac{3}{1000}$ ④ $\frac{23}{1000}$

⑤ 0.0023 ⑥ 0.6 ⑦ 0.06 ⑧ 0.06
⑨ 0.0006 ⑩ 0.15 ⑪ 0.01 ⑫ 0.003
⑬ 0.31 ⑭ 0.36 ⑮ 0.036 ⑯ 3.06

57
① 11, 앞의 수에서 2씩 커지는 수를 쓰는 규칙
② 18, 앞의 수에서 3씩 커지는 수를 쓰는 규칙
③ 30, 앞의 수에서 5씩 커지는 수를 쓰는 규칙
④ 32, 앞의 수에서 2,4,6,8,10씩 커지는 수를 쓰는 규칙 ⑤ 32, 앞의 수를 한번 더 더하는 규칙
⑥ 17, 2부터 시작해서 1,2,3,4,5씩 커지는 수를 쓰는 규칙

58
① 1+1+1+1+1+1, 6 ② 2+2+2+2+2+2, 12
③ 1+2+4+6+8+10, 31 ④ 4+4+4+4+4+4, 24 ⑤ 1+3+5+7+9+11, 36

59
① 9,10 상윤의 수에 5를 더하는 것입니다.
② 17,19 대환의 수에 10을 더하는 것입니다.
③ 26,36 영재의 수에 6씩 더하는 것입니다.
④ 14,16 윤섭의 수에 4를 더하는 것입니다.
⑤ 18,21 지환의 수에 3을 더하는 것입니다.

60
① 11, 앞의 수에서 2씩 커지는 수를 쓰는 규칙
② 60,앞의 수에서 10씩 커지는 수를 쓰는 규칙
③ 33,40 정희의 수에 5씩 더하는 규칙
④10,11 진서의 수에 3씩 더하는 규칙
⑤ 22, 앞의 수에서 4씩 커지는 수를 쓰는 규칙
⑥ 20,23 진우의 수에 6씩 더하는 규칙

연습1
① 34224 ② 83973 ③ 165216 ④ 105213
⑤ 71010 ⑥ 244868 ⑦ 58238 ⑧ 159744
⑨ 419328

연습2
① 38347 ② 137300 ③ 34727 ④ 280496
⑤ 382092 ⑥ 178245 ⑦ 803855 ⑧ 27050
⑨ 296100

연습3
① 137889 ② 56576 ③ 89053 ④ 202068
⑤ 379860 ⑥ 600096 ⑦ 341407 ⑧ 59772
⑨ 430652

연습4
① 8…17 ② 15…8 ③ 7…7 ④ 67…5
⑤ 21…18 ⑥ 24…34 ⑦ 13…20 ⑧ 39…13
⑨ 26…8

연습5
① 40…11 ② 22…27 ③ 35…7 ④ 26…2
⑤ 15…11 ⑥ 26…8 ⑦ 5…19 ⑧ 22…2
⑨ 27…15

연습6
① 9…6 ② 24…5 ③ 27…10 ④ 33…18
⑤ 7…11 ⑥ 16…9 ⑦ 22…11 ⑧ 12…55
⑨ 11…18

연습7
① 37 ② 27 ③ 127 ④ 48 ⑤ 94 ⑥ 41
⑦ 63

연습8
① 8 ② 175 ③ 15

메모 하세요!

계산력 완성 !!!
스스로 하루를 준비하는 아침5분수학